しているのです。

私たちがインコの行動で困っているとき、インコも伝えたいことがうまく伝わらないもどかしさに、小さな心を痛めているかもしれません。

この本は、行動の理由から考え、インコの気持ちに寄り添った解決ができる手助けになるよう作りました。インコという生き物を理解したうえで、お互いの誤解が消え、より深い信頼関係を築けることにつながると思います。

インコも人も末永く幸せに、最良のパートナーとして共に暮らしていることを願っています。

ALETTA代表
石綿美香

※本書では、すべてのインコ・オウム類をまとめて「インコ」と呼んでいます。

Staff

カバー・本文デザイン 株式会社フレーズ
（五味朋代、鈴木明子）

DTP 有限会社 ZEST（長谷川慎一）

編集 株式会社スリーシーズン（伊藤佐知子）

執筆協力 大崎典子

1章

インコを理解しよう

とっても奥深いからこそ、
人を魅了してやまないインコたち。
ここでインコという生き物についての
理解を少し深めましょう。

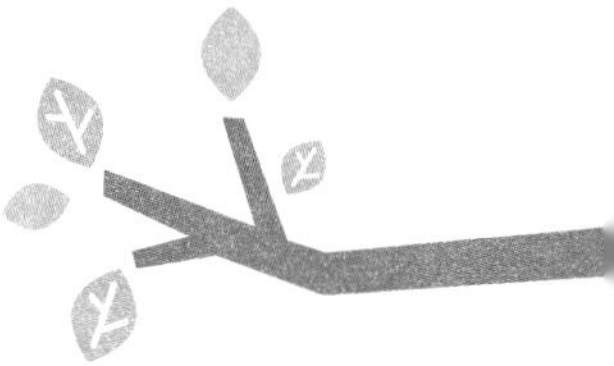

インコは頭がいい

インコと暮らすとその賢さに驚くことがあるかもしれません。その感覚は飼い主さんのひいき目ではなく、実際に鳥は霊長類に負けず劣らず賢く、鳥の中でもカラス科の鳥、次いでオウム・インコ類は知能が高いといわれています。知力を測る指標として脳を構成する神経細胞であるニューロンの数を調べたところ、カラス、インコ、オウムはニューロンの密度が驚くほど高いことがわかりました。そのニューロンは大脳のほうに圧倒的に多く、コンゴウインコでは80%が人間の大脳皮質にあたる部分に集中しています。人間の脳は認知能力を司る大脳が発達しており、インコたちの脳も人間の脳と構造が似ています。それだけ認知能力が優れているので、得た情報を活かして環境に合わせながら、柔軟に生きていくことができるのです。

本書ではいろいろなトレーニングを紹介していますが、教えてあげると実に多くのことができるようになるでしょう。ただ、好奇心旺盛で新しいことを積極的に試そうとすることを人間は「賢い」と考えてしまいますが、慎重であることも野生では賢さです。そうした個性も否定せず接する必要があります。

インコはどれくらい賢いの？

仲間とうまくやっていける

インコは群れで暮らすため、仲間の行動を観察して自分の行動を決める必要があります。哺乳類では社会集団の大きさと知力は比例しますが、鳥の場合は当てはまらず、集団の大きさより関係の質で知能が発達したようです。

パートナーの心を読む

一羽のパートナーと親密な関係を築くため、相手の出す信号を敏感に読み取り、行動を予測するといった高度な心的能力が必要になります。そのため、人間と親密なインコは想像以上に人間の心を理解している可能性があります。

複雑な遊びができる

遊びは生存に必要な行動ではなく、大人になっても遊ぶ生き物は多くありません。遊びは知能を必要とし、賢い鳥ほどより複雑な遊びができます。遊ぶことが楽しいとそれ自体が報酬となり、夢中になって遊びます。

個性がある

好奇心旺盛なインコもいれば慎重なインコもいるのは、種を存続させるには正しい戦略です。同じ刺激に対してどのような行動をするかの選択肢は、個性によって無数のバリエーションがありより複雑さが増します。

column

いくつになっても脳は鍛えられる

脳の神経細胞であるニューロンは生まれたときに備わっていてその後再生することはないと長い間考えられてきましたが、学習や記憶に関係する海馬は成長してからも新しく作り出されることがわかってきました。こうした活動はミリ秒単位で行われ、頭を使えば使うほど新しいニューロンが生まれ、着々と脳を変化させます。人間もインコも、脳を鍛えれば生涯若々しい脳でいることができるのです。

インコは群れで暮らす

オーストラリアでは、野生のセキセイインコやオカメインコが何千から何万羽の群れをつくって暮らしています。集団でいることで、敵から身を守り、食べ物や繁殖相手を見つけやすくなります。人間と暮らすインコは、人間を仲間やペアと見なすので、人間といっしょにいることで安心感を得て心が満たされます。裏を返せば、インコは一羽でいることが苦手です。野生でも群れからはぐれたインコは生き残れないといわれていて、一羽でいると不安になってしまうのです。だから、だれもいない家で一羽だけで長時間留守番するというのは、インコにとっては苦痛なことと想像できます。留守番をさせるときは、そうしたインコの不安な気持ちを考えて対策する必要があります。

　インコは群れで暮らす生き物だから仲間のインコがいたほうがいいかというのは、環境によって異なります。別々のケージでも、仲間がいてくれたほうが一羽でいるよりもマシというインコもいれば、人間がいてくれればOKで新しい仲間は受け入れないというインコもいます。もともと二羽でお迎えしたインコは、仲間がいたほうがいいでしょう。

インコの群れは横のつながり

インコの群れに「ボス」はいない

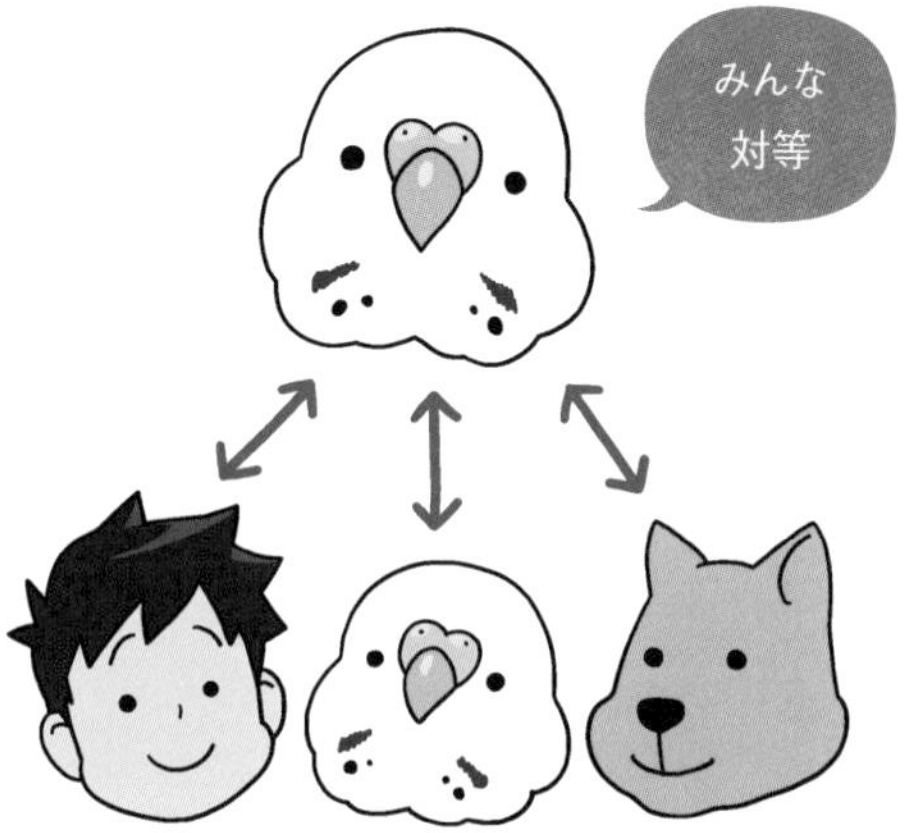

犬やサルなどの哺乳類は、群れが大きくなると集団の秩序を保つため、頂点にボスがいる順位づけされた集団を築きます。しかし、インコの群れは大きくてもボスはいません。インコ同士協力して狩りをするなどということもないので、生存戦略としていっしょにいるけれど、あくまでも自分と自分の家族が優先というみんなが平等で利己的な群れです。

ボスに従うという主従関係での順位づけはありませんが、相手のことがどれだけ好きかという順位づけはあります。

「集合住宅」っぽいゆるい集まり

インコの群れは数十～数百羽くらいの大集団です。仲間が多くても、認識している相手はペア同士くらい。隣を飛んでいるのがだれなのかはわかりません。人間で考えると、団地や大きなマンションなど集合住宅に夫婦で暮らすようなゆるい群れといえます。それでも、群れの中で生きるため、一定のルールは身につけています。

【鳥の距離感もいろいろ】

離間型

向触型

横を向いたときにくちばしが当たらないくらいの距離感をとるのが「離間型」。スズメなどは等間隔で電線にとまります。対してセキセイインコなどはぴったり体をくっつける「向触型」。オカメインコはくっつくのがあまり好きではないかも。

なぜ人になつくのか？

コンパニオンアニマルとして歴史が長い犬は、人間と暮らしはじめたのが１万５０００年くらい前だとされています。長い時間をかけて、犬と人間は今のような愛着関係を築きました。人間と鳥が暮らすようになったのはいつからなのかはっきりしたことはわかっていませんが、今から３０００年ほど前のインドや中国で、時の権力者が人間の言葉を話すオウムを飼っていたという記録があります。犬と比べて、インコと人間の歴史は浅いのです。それでも、インコは犬と同等以上の愛着関係を人間と築くことができます。

ただし、人間になつくかどうかは、生まれてから幼鳥までの環境が大きく影響します。野生のインコを捕まえてきて育てても、人にならすのは難しいことが多いでしょう。人になつくのは、人間のいる環境で生まれたインコです。ヒナを親鳥から離して人間が育てる「人工育雛」だと、インコはよく人になつくようになりますが、人間への依存性が高くなり「分離不安」などの行動障害を起こしやすくなります。人が差し餌で育てなくても、日に数回ヒナに触るなどして「早期社会化」を行えば、インコは十分人になつきます。

インコに必要な早期社会化

同種の鳥と過ごす

人間と暮らすインコでも、インコ間のコミュニケーション方法を学ぶ必要があります。鳥種によってコミュニケーション方法が異なるので、それを学ばないと同種の仲間でも相手にしてもらえません。ヒナの間は親の元できょうだいと共に過ごすのが理想。親鳥の元で安心して育ったヒナは、ストレス耐性が高いことがわかっています。

人間のいる環境に慣らす

人間を含むあらゆる動物で、幼い頃の環境や育てられ方が後の性格形成や行動、学習能力などに影響することがわかっています。人間の伴侶となるインコなら、同種の社会化以外に、人間とその生活環境に慣らす社会化が必要です。人間の声や手、生活音、テーブルなど、後に出会うあらゆるものにヒナのうちに触れさせせることが大切です。

【インコの社会化期はいつ？】

社会化は学習の一種で、「臨界期」と呼ばれる時期を過ぎると学習が困難になるとされているタイミングがあります。インコの臨界期はよくわかっていませんが、人間への社会化に適しているのはだいたい巣から出てくるころとされていて、その時期のヒナはいろいろなものに興味をもち、受け入れていきます。この段階で人との接触がないと人間を受け入れるのが難しいといわれていますが、野鳥でも人になつくことはあります。大人の鳥でも社会化は可能ですが、反対に人になついていた手乗りの鳥でも、人と接触しなければ野生化します。

ペア同士の絆が強い

鳥類の多くは、卵を産んだあと孵化するまでオスとメスが交互に卵を温めます。そして晩成性*であればヒナがかえった後も、オスとメスで協力してエサを与えながら子育てをします。犬、猫など多くの哺乳類の場合は子育てはメスだけが行いオスは関与しないことを思うと、鳥類のペアはそれだけ結びつきが強いことが想像できます。鳥類の8割は一夫一婦制で、特にインコ・オウム、ツル類のペアは結びつきが強いといわれています。

　生き物にとって子孫を残すことは重要なミッションで、鳥類のメスが抱卵と子育てを共に行うことになるオスを選ぶ目はそれだけシビアです。野生であれば、群れにいる多くのオスを試したうえで、自分のメガネにかなった相手を受け入れて終生添い遂げます（しかし、中には浮気をするインコもいます）。

　このように協力して子育てし、ペアの相手を一生ひきつけるために、インコの知能は発達したといわれています。それほど愛情深さをもったインコなので、飼育下であっても「これぞ」と思った相手とは深くつながりたいし、その努力を惜しみません。その愛情の対象は人間や物になることもあります。

＊晩成性……目も開かず毛も生えていない未熟な状態で生まれてくる種のこと。カモ、ニワトリなどは、生まれた直後から目も見えて自分の脚で立てる「早成性」。

インコの愛情の育ち方

ペア間の愛情

オスはメスに対して、さえずりやダンス、ごはんを吐き戻してプレゼントするなど、それぞれの方法でアピールをします。複雑なさえずりなど才能があるオスは、それだけ脳が発達しているということ。メスがオスのアピールを受け入れたらカップル成立。

↓

ペアの相手がいちばん大事で、常に相手をいたわりいっしょにいたがります。ほかのインコが近づいてこようものなら怒って追い返します。相手が人間の場合も同様です。常にいっしょにいたいので姿が見えなければ呼び鳴きし、注意がよそに向くと不安になります。

親子間の愛情

晩成性の動物は、親の庇護なしには生きていけません。そして、知能が高い生き物ほど親のかかわる期間が長いといわれています。親は子どもを守り育てる過程で愛情が芽生え、子もまた親に愛情や信頼といった感情をもちます。

↓

晩成性のヒナは巣立ち後も親と行動を共にしたがります。しかし、親鳥は親離れを促します。人間の飼育下だと親離れせず常に庇護されて育ち、愛情関係はずっと続きます。そのため、インコをヒナではなく一人前の鳥として扱うことが大事です。

インコは「鳥」である

インコは鳥で、人間とは異なる感覚や能力をもっています。しごく当たり前のことですが、人間の環境に適応しているインコを見ていると、つい人間目線で考えてしまう場合があります。

人間と鳥との違いのひとつに「飛ぶ」能力があります。インコは人間が飛べないことはわかっているので、触られたくないときなどは高いところに飛んでいきます。野生では、下から襲ってくる敵から逃げるために高いところにいると安心だということはあります。飼育下のインコは家の中で襲われる心配はないことはわかっていますが、高いところにいるとなんとなく安心する気持ちはあるでしょう。そして、ここにいれば飼い主さんにケージに連れ戻される心配がないとか、いろいろな理由で高いところから下りてこないかもしれません。

高いところに行ってしまうと下ろせないからと、クリッピング*を考える方もいますが、飛ぶこともインコの意思表示のひとつです。特に体が小さい小型インコは簡単に捕まえられてしまうため、飛んで逃げる手段を奪われるとストレスを感じるかもしれません。

＊クリッピング……風切羽をカットして飛行能力をなくすこと。

鳥が飛ぶ理由

目的地までの移動のため

飛ぶことで、最短距離をすばやく移動することができます。家庭のインコは飼い主さんに呼ばれたとき、おやつが見えたときなどは飛んできます。

食べ物を探すため

鳥は視力がいいため、野生では地上より空から見たほうが食べ物を見つけやすいのです。

行動範囲を広げるため

野生のインコは１日数百キロもの長距離を移動できるといいます。よいエサ場や寝床を探して行動範囲を広げます。

危険を回避するため

地上で襲われたときは、飛んで逃げます。捕まるとケージに戻されるというときも、高いところに逃げればセーフです。

飛ぶ理由がないときは、省エネモードで飛ばない

飛ぶ能力は便利ですが、とても体力を使います。野生のインコもずっと飛んでいるわけではなく、近くに移動するときはトコトコ歩きます。飼育下のインコを放鳥したときも、ブンブン飛んでいることは少なく、飼い主さんのそばにいたりするでしょう。

それでも、いざとなったら飛べるということは、インコにとってひとつの自信になっているのかもしれません。

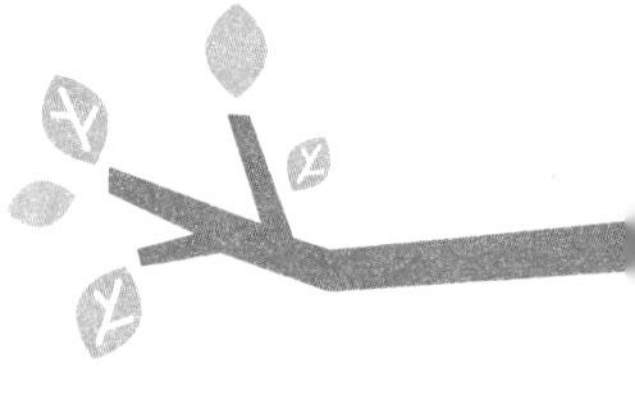

種類によっていろいろ違う

インコ・オウム類は鳥類の分類学上「オウム目」になります。その中に現在は400種類以上が登録されていて、主にペットとして飼われている種類は「インコ科・ヨウム科」「オウム科」に分類されます。ちなみに、インコと並んでコンパニオンバードとして人気の文鳥は「スズメ目」です。私たち人間は「サル目」「ヒト科」で、同じヒト科でもヒト、ゴリラ、チンパンジー、オランウータンと分かれるように、インコ・オウム類も種が違えば遺伝的にはまったく異なり、別種同士だと子孫を残すことはできません。

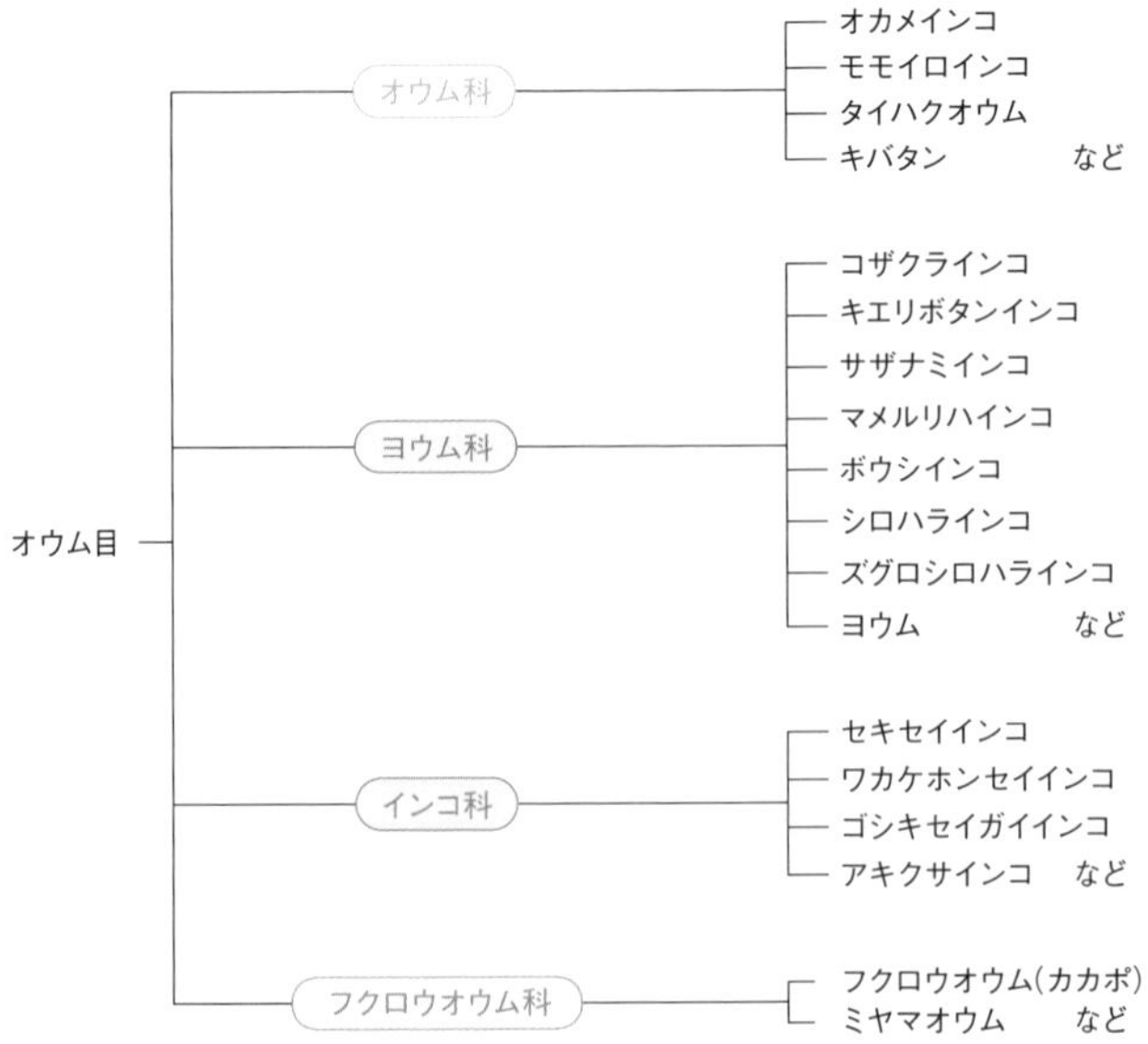

オウム目
オウム科
オカメインコ
モモイロインコ
タイハクオウム
キバタン　など
ヨウム科
コザクラインコ
キエリボタンインコ
サザナミインコ
マメルリハインコ
ボウシインコ
シロハラインコ
ズグロシロハラインコ
ヨウム　など
インコ科
セキセイインコ
ワカケホンセイインコ
ゴシキセイガイインコ
アキクサインコ　など
フクロウオウム科
フクロウオウム(カカポ)
ミヤマオウム　など

(出典) Gill F, D Donsker & P Rasmussen (Eds). 2022. IOC World Bird List (v12.2). doi : 10.14344/IOC.ML.12.2. Available at http://www.worldbirdnames.org/ [Accessed xx-August-2022].
和名：山階鳥学誌 (J. Yamashina Inst. Ornithol.), 50: 141–151, 2019

インコ・オウム類の分類

インコ科

ヨウム科

- オウム科、フクロウオウム科に属さないインコ。
- ヨウム科はアメリカとアフリカ大陸出身のインコで、インコ科はそれ以外の出身。

約370種類が属し、大きさも8〜100㎝とバラエティに富んでいます。基本的には穀物や種子類を主食にする穀食性ですが、果物を主食にしたり、昆虫なども食べる雑食性の種もいます。

オウム科

- 頭部には「冠羽」と呼ばれる飾り羽がある。
- 湾曲したくちばしをもつ。

オウム科に分類されるのは21種とその亜種[*]です。名前に「インコ」とついたオウムも多く、見分けるには動く冠羽があるかどうか。（例外としてヘイワインコは冠羽がないけどオウムです。）

column

出身地もいろいろ

セキセイインコやオカメインコはオーストラリアに生息しています。「ラブバード」でおなじみのコザクラインコやボタンインコはアフリカ、マメルリハやシロハラインコは南米出身。多くが熱帯地域出身なので暑さに強いように思ってしまいますが、夏場に温度管理を怠ったり水を切らしたりすると熱中症になります。

＊亜種……同じ種でも、隔絶された環境で独自の進化を遂げたもののこと。

セキセイインコ

分類：インコ科　出身地：オーストラリア　体長：約20㎝

日本で最も多く飼育されている鳥種です。セキセイインコは1800年代にオーストラリアで発見され、1840年にイギリス人博物学者が祖国に連れ帰ったのをきっかけに、世界中で飼い鳥として人気を集めるようになりました。

体が小さいこともあり鳴き声はそれほど大きくなく、オスの中には人の声や音をマネたりおしゃべりしたりする子がいます。性格は穏やか、好奇心旺盛で人見知りもほとんどしません。長く飼育されてきたこともあり、さまざまな鳥種の中でも比較的飼いやすいといえます。

現在5000種以上のカラーバリエーションが生み出されていますが、原種はイエロー×グリーンで、ここから黄色が抜けるとブルー系に、黄色と青が抜けると白になります。鼻（ロウ膜）の色は性ホルモンの影響を受けて変わります。成鳥で性別を見分ける目安になりますが、品種によって色は異なります。

イラストのオパーリン種だと、オスの鼻は水色でメスはピンク。メスは発情すると、ロウ膜の角化が進んで茶色く分厚くなります。

メス（オパーリン）　オス（オパーリン）

【セキセイインコのカラーバリエーション】

ノーマル

イエローフェイス

単色　など

サザナミインコ

分類：ヨウム科　出身地：中米～南米　体長：約 16㎝

サザナミインコの特徴は、全身に入ったさざ波のような模様と、前かがみのままでゆっくり移動する独特な動きです。野生では枝から枝へと移動することが多かったため、こうした前かがみの姿勢が定着したのではないかといわれています。

ほかのインコに比べると、ゆっくりした動きからイメージされるように、マイペースでおとなしい性格です。ただし自己主張するときには、大きな声でアピールします。

なお、サザナミインコの出身地は湿度が高め。部屋の乾燥には注意しましょう。

さざ波模様

アキクサインコ

分類：インコ科　出身地：オーストラリア　体長：約 19㎝

ピンクのカラーが目を引くアキクサインコ。飼い鳥としては交配によって生み出されたローズ、ルビノーなどのピンク色を強調したカラーが一般的ですが、ノーマルはピンク色が少なくグレーの多い落ち着いた色合いです。このノーマルカラーは早朝や夕方に活動するときの保護色となっており、野生ではなかなか見つけられません。

性格は穏やかで、手乗りインコに育てやすく、人と遊ぶのも大好きです。ただししつこく構われるのは少し苦手。繊細な面があるため注意しましょう。

ピンクの羽の
ローズやルビノーが人気。

コザクラインコ

分類：ヨウム科　出身地：アフリカ　体長：約 20㎝

多彩なカラーがきれいなコザクラインコは、「ラブバード」の代表。一度選んだパートナーにはずっと愛情を示します。ただしパートナー以外の鳥や人にはクールな対応をしがち。特にパートナーとの仲を邪魔されると攻撃的になりやすく、オスよりもメスのほうが手厳しい傾向があります。ペアで飼うと2羽が互いのパートナーとなるため、飼い主さんはお世話係になるかも。一羽飼いの場合は飼い主さんにたくさんの愛情を示してくれますが、その一方で情熱的な愛情を受け止める覚悟も必要です。

キエリクロボタンインコ

分類：ヨウム科　出身地：アフリカ　体長：約 14㎝

コザクラインコとともに「ラブバード」として知られているキエリクロボタンインコ。おとなしくドライな性格ですが、パートナーには強い愛情を示します。独占欲が強いので、飼い主さんがパートナーとなった場合は必ず毎日遊んであげることが大切。パートナーから構ってもらえないと強いストレスを感じてしまいます。なお、パートナー以外の人には距離を置くことが多く、干渉されるのを嫌がることも。その子の個性や、飼い主さんがパートナーかどうかを考えてつき合うようにしましょう。

マメルリハインコ

分類：ヨウム科　出身地：エクアドル・ペルー　体長：約 13㎝

ブルーやグリーン、イエローなど、はっきりしたカラーと、丸みのあるボディが印象的なマメルリハ。ペットとされているインコの中では最も小さく、手のひらに収まるサイズです。

小柄でも気が強く、元気いっぱいで噛む力が強めなのも特徴。噛まれるとケガをすることがあるので気をつけましょう。好奇心旺盛で遊び好きなやんちゃな性格で、遊ぶときには足やくちばしを使って、活発に動き回ります。普段の声は比較的小さめですが、はっきりと呼び鳴きをすることも。

ノーマルは
グリーン

column

ラブバードの種類

愛情深く、生涯一羽だけをパートナーと決めてともに暮らす特性をもつ「ラブバード」。コザクラインコやキエリボタンインコ、ルリゴシボタンインコなど9種類が存在します。コザクラインコとボタンインコは種類は違いますが交尾ができ、ヒナを生むことができます。そのヒナは「ヤエザクラインコ」と呼ばれますが、ヤエザクラインコ自体は繁殖能力をもちません。

オカメインコ

分類：オウム科　出身地：オーストラリア　体長：30㎝

頭の上の長い冠羽と頬のオレンジ色のチークパッチが印象的なオカメインコ。ただし、カラーによってチークパッチがなかったり薄い子もいます。名前にインコとありますが、実際には世界一小さなオウムです。

基本的にはおとなしくて温和な子が多く、飼い主さんに構ってもらいたがる甘えん坊です。そのためオカメインコを飼う場合は、寂しがらないように毎日たくさん遊んであげましょう。放置されたりお世話が不十分だったりすると、ストレスから攻撃的になることもあります。オスは歌や音をリズムよくマネる子が多く、口笛などのモノマネで楽しませてくれます。

なおデリケートな面もあり、物音や地震などに驚くと、通称「オカメパニック」と呼ばれるパニックを起こして飛び回ることもあります。普段からびっくりさせないように優しく接することを心がけ、万が一オカメパニックを起こしてしまったらケガをしていないか確認しましょう。

原産種であるノーマルは全体的にグレーで、オスは頭部だけ黄色くなってきます。チークパッチはメスは薄めで、オスは濃いめ。（チークパッチがない種もいます。）

ズグロシロハラインコ・シロハラインコ

分類：ヨウム科　出身地：ブラジル　体長：約23cm

とても活発で人なつっこいことで知られているシロハラインコ属。頭がオレンジ、翼と背は緑色でお腹が白いのがシロハラインコ、同じようなカラーで頭だけは黒いのがズグロシロハラインコです。

遊びやいたずらが大好きで、仲間とじゃれ合うときには他のインコには見られないほど元気いっぱいに転げまわることもあります。身体能力が高く脚の力も強いので、普段の生活の中でもユニークなポーズをたくさん見せてくれることでしょう。

飼い主さんと遊ぶのも大好きなので、一羽で飼う場合は退屈しないようにおもちゃを用意したりしてたくさん遊び、声をかけてあげましょう。構ってもらえないと、叫んだり、いろいろな行動で気を引こうとするかも。

なお、シロハラインコの寿命は約25年。長生きをすると30歳近くまで生きることもあるため、生涯飼育できるかどうかよく考えてお迎えを。

頭が黒いのが
ズグロシロハラインコ
シロハラインコは
頭がオレンジ

アマゾン川のほぼ北側に生息しているのがズグロシロハラインコ、ほぼ南側に生息しているのがシロハラインコです。ズグロシロハラインコはシロハラインコより少し小柄。

ホオミドリウロコインコ

分類：ヨウム科　出身地：南米　分類：約 25cm

ウロコインコの仲間はホオミドリウロコインコ、イワウロコインコ、アカハラウロコインコなど、亜種も合わせると約30種類もいます。基本的にのどから胸にかけて、うろこ模様のような羽があるのが特徴です。ただし、一部にはこうしたうろこ模様のないカラーや種類もいます。

　少し前までは珍しい鳥でしたが、最近はホオミドリウロコインコを中心に日本で飼育されている子が増えてきました。活発でよく響く声が特徴で、遊び時間をたっぷり取ってあげるのがおすすめです。

ほっぺが緑で
尾羽は赤

オキナインコ

分類：ヨウム科　出身地：南米　体長：約 29cm

知能がとても高く社会性がある種類です。インコの中でも唯一群れで協力する鳥で、自然界では、たくさんの個室があるアパート型の巨大な巣を作ります。また、繁殖中でないインコも、子育てに協力することが知られています。

　個体差はあるものの、基本的に穏やかな性格で、モノトーンからカラフルな色合いまで、バリエーション豊富なカラーも人気があります。ただし声が大きく、呼び鳴きなどは特によく響きます。集合住宅で飼う場合は防音対策が欠かせません。

ブルーや
イエローもいる

コガネメキシコインコ

分類：ヨウム科　出身地：ベネズエラ南東部　体長：約 30cm

オレンジや黄色といった華やかなカラーが印象的なインコ。見た目だけでなく性格もラテン系をイメージさせる明るく陽気な子が多いので、コンパニオンバードとして人気を集めています。

遊ぶのがとても好きなため、飼い主さんは毎日遊ぶ時間をたっぷり取ってコミュニケーションをはかりましょう。おしゃべりは苦手ですが、声はかなり大きめ。音を気にせずコガネメキシコインコがのびのび暮らせるように、防音対策も忘れずに。

ゴシキセイガイインコ

分類：インコ科　出身地：オーストラリア　体長：約 25cm

オセアニアや東アジアで、花の蜜や果実を食べて暮らすインコをロリキートといいます。ゴシキセイガイインコはこのロリキートの代表格。花の蜜を効率的に食べられるように、舌の先はブラシのような形になっています。

ゴシキセイガイインコの特徴は、レインボーとも呼ばれる複数の鮮やかなカラー。全身が青、黄、グリーン、オレンジなど目を引く美しい色味をしています。活発で明るい性格で、人にもよくなれます。なお、軟便が多いので小まめな掃除を心がけて。

ワカケホンセイインコ

分類：インコ科　出身地：インド　体長：約40cm

黒色の輪が現れるのは
オスだけ

「ワカケダンス」と呼ばれるユーモラスな動きが有名なワカケホンセイインコ。

オスには首のまわりに黒色の輪っかをかけているような模様があるため、「ワカケ」が名前についています。なお、この首のリング模様は幼いうちはなく、オスが成鳥になると見られます。

大ざっぱなのに少し神経質なところもあり、鳴き声は大きめ。興奮すると瞳孔が縮んで黒目が点のように小さくなる「アイピンニング」になります。おしゃべりが上手で体は比較的丈夫。

アオボウシインコ

分類：ヨウム科　出身地：南米　体長：約35cm

額が黄色だと
キビタイボウシインコ

南米アマゾンに30種類以上生息しているボウシインコの中でも人気の高い種類です。「アオボウシ」という名前の通り、額のブルーカラーがチャームポイント。陽気な性格でおしゃべりが上手な子も多く、マネをして楽しませてくれる子もいます。コミュニケーションが好きで、インコによっては口笛を吹くとよく似た音を出して、いっしょに音を楽しもうとすることもあります。

寿命は40〜50年。人になれやすい性格で、なつくとさらに豊かな表情を見せてくれます。

モモイロインコ

分類：**オウム科**　出身地：**オーストラリア**　体長：**約 35cm**

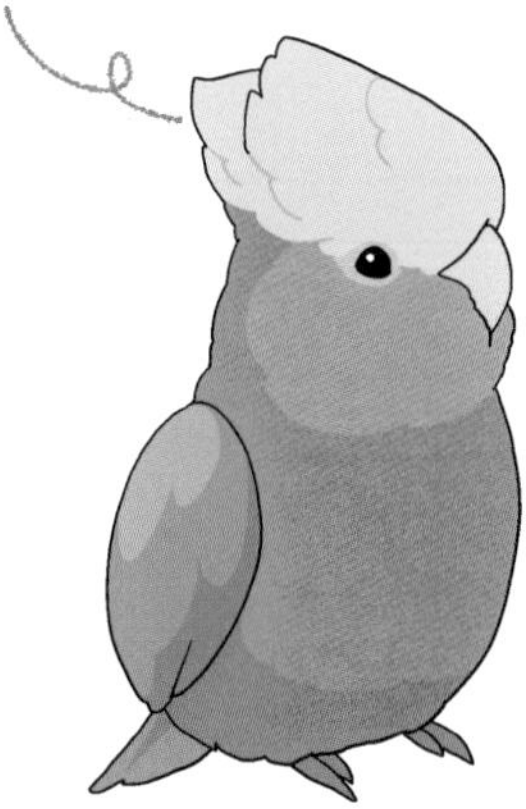
ピンクの冠羽

立派な冠羽とかわいいピンクベースの色合い、人によくなれる性格で飼い鳥として人気が高いモモイロインコ。

　好奇心が旺盛でやんちゃな性格で、遊ぶことが大好き。自然界ではオーストラリアのほぼ全土で暮らしており、樹皮をはがしすぎて木が枯れることがあるほどくちばしの力が強いです。電気コードなどの危ない物や破壊してほしくない物には近寄らせないようにしましょう。

　太りやすいという特徴もあるため、運動を心がけ、おやつのあげすぎには注意。

ルリコンゴウインコ

分類：**ヨウム科**　出身地：**南米**　体長：**約 80cm**

名前の通り、鮮やかな青色と黄色が美しいルリコンゴウインコ。陽気でフレンドリーな性格です。地鳴りのように低音の大きな声も特徴の1つ。インコ・オウム類の中でもとても大柄でくちばしが大きく、噛む力が強力なので、お迎えしたら必ず噛まないようにトレーニングをしましょう。

　なお寿命は約60年といわれていますが、中には１００年以上生きる子もいます。次の飼い主さんに託すときのことも考えたうえでお迎えすると安心です。

毛がない頬の部分が
赤くなることも

ヨウム

分類：ヨウム科　出身地：アフリカ　体長：約 33cm

人間の5歳児くらいの知能をもつという、とても賢いヨウム。アイリーン・ペパーバーグ博士がアレックスという名のヨウムとの暮らしや研究結果を発表したことから、その知能の高さが世界に広く知られることとなりました。おしゃべりや音マネが得意で言葉を操る能力が非常に高いことから、飼い主さんと簡単な会話ができる子もいます。上手に訓練すれば、１００語以上の単語を覚えることも可能だといわれています。

なお知能が高い半面、用心深くてデリケートなので、ストレスを受けやすいのもヨウムの特徴。ヨウムのペースを考えて、毎日の生活を送りましょう。

カラーは濃淡のあるグレーのボディで尾羽だけは赤いので、大人っぽく落ち着きのある印象です。大型種にしては鳴き声はあまり大きくなく、雄たけびもほとんどしません。なお、ヨウムは体が大きいのでオウムに間違われやすいですが、冠羽がないため、オウムではありません。

ヨウムの寿命は 40 ～ 50 歳くらい。一度お迎えすれば、人生の長い期間を共にする楽しい仲間となってくれることでしょう。

ワシントン条約によりヨウムの国際取引が禁止されています。国内できちんとブリードされ登録された個体はお迎えが可能ですが、2017年1月2日から国際希少動物となったためペットホテルを利用したり、人に譲ったりするときには登録証が必要です。
尾羽が赤い

タイハクオウム

分類：オウム科　出身地：インドネシア　体長：約 46cm

大きな冠羽から尾羽に至るまで全身が白いタイハクオウム。翼や尾の内側の黄色い羽が動くたびに垣間見えるのも魅力的です。性格は甘えん坊で、犬のようだといわれるほど人なつっこいのもタイハクオウムの特徴。ただし飼い主さんや仲のいい鳥など大好きな対象には甘えるのにそれ以外には攻撃的になる「オンリーワン」になりやすいので、他の家族もいる場合はよく触れ合いみんなと仲よくなるよう注意しましょう。

エネルギッシュで遊びが大好きなので、飼い主さんが毎日たくさん構ってあげるのはもちろん、おもちゃや楽しい止まり木などを用意してひとりでも遊べる環境づくりを心がけましょう。

なお、タイハクオウムには朝と夕方に驚くほど大きな声で雄たけびをあげる習性があり、しつけなどをしてもこの雄たけびはなくなりません。ご近所とトラブルにならないように、飼う前から防音対策をしっかりとしておきましょう。

アイリングは水色
他にキバタン、コバタン、ソロモンオウムなどオウムの多くは雄たけびの習性があります。防音効果のあるケージカバーなどを用意する必要はありますが、防音対策をすればそれでよいわけではなく、不安にさせたり寂しくさせたりしないよう接する必要があります。

フレンドリーで甘えん坊。脂粉が多いのでケージまわりは小まめにお掃除を。

インコの五感

インコは昼間に活動して夜間は眠る「昼行性」です。明るい光の下で遠くからでも物を識別したり、周囲の情報を集めたりするのに適した「視覚」が五感の中でも特に発達しています。

人間を含む哺乳類と比べても、インコは物の形や細部を見て取る「視力」、動いている物を目で追い続ける「動体視力」ははるかに優れていて、さらに色を見分ける能力も高く、哺乳類とは比べ物にならないほど多彩な色を識別できるといわれています。人間には認識できない、色鮮やかな世界でインコは生きているのです。

また、可聴域は人間と同レベルといわれていますが、音の聞き取り能力は高いです。

一方で、「嗅覚」「味覚」はそれほど発達していないようです。食べ物の味やにおいは感じ取っていて食べ物の好き嫌いもありますが、人間に比べるとはっきりしていないようだといわれています。

「触覚」は敏感なので、飼い主さんから優しくなでられると喜びますし、他のインコと互いに羽づくろいをする姿も見られます。

広い視界と四原色を「見る」

330度もの視界

インコの両目は顔の左右についていて、天敵をすぐに見つけられる「防御型」です。前はもちろん背後も見え、その視野は330度もあります。首も180度近くまで回せるため、周りの風景のほとんどを見ることができます。なお視力は人間の5～8倍あるうえに、近くと離れた場所の2か所を同時に認識できます。さらに動体視力も優れていて、飛行中も周りがよく見えています。ただし夜間は視力が落ちます。

優れた視力と色の識別能力は、飛びながらエサを見つけ出したり、敵を発見するのに役立っています。視界も広いので、飼い主さんの様子もインコにはよく見えていることでしょう。

三原色＋紫外線が見える

人間の目には赤・青・緑という光の三原色が見えるだけですが、インコは三原色にプラスして紫外線も見分けることができます。そのため人間と同じ風景を見ていても、インコにはまったく違う鮮やかな世界が見えていると思われます。人の目から見てもカラフルでかわいらしいインコですが、四原色が見えるインコたちにとっては、互いの姿はより色とりどりで複雑な色合いをしているのかもしれません。

色をよく認識するので、食べ物やおやつなども好きな色の物を選んだり、嫌いな色の洋服を着た人間を怖がったりすることがあります。

限られた音域を鋭く「聞く」

細かく聞き分け 音を覚える

人間は20～2万ヘルツという低音から高音までの領域を聞き取れますが、インコの可聴域は200～1万ヘルツで、人間より少し狭いです。たとえば若者には聞こえるモスキート音などはインコには聞こえません。一方で、音を正確に聞き分けたり危険な音を記憶することは得意です。互いに鳴き合うこともあり、限られた音域を鋭く聞き分けて毎日に役立てているのです。

首を動かして聞き取る

インコの耳は穴が空いているだけなので、音を聞き集めるときには頭を動かして音源に向けることでよく聞き取ろうとします。インコが気になる音を耳にしたときにキョロキョロするのは、見つけようとしているだけでなく音を聞き取ろうとしているのです。なお、インコの耳穴はまわりとは違う形をした「耳《じ》羽《う》」という羽毛で普段は隠されています。

耳穴あたりをカキカキするとインコはアクビをし、飼い主さんたちはそこを「オエツボ」と呼んでいます。

人とは違う「味覚」「嗅覚」「触覚」

味蕾《みらい》＋味覚細胞で味をチェック

インコは味を感じる「味蕾」が人より少なめです。それでも味の違いはわかるため、好き嫌いがあります。一般的には甘い物を好み苦い物を嫌がる傾向があります。

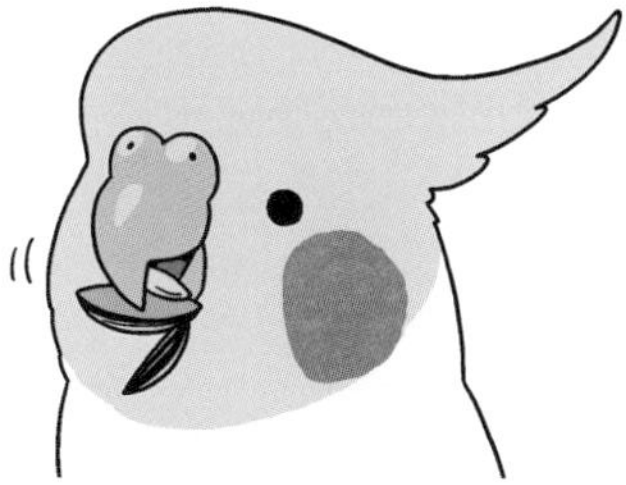

通常の鳥はとがった舌をしていますが、インコの舌は肉厚。種子の殻をくちばしから出すなど器用に舌を使います。

嗅覚は弱め。でもにおいはわかる

鳥の嗅覚はそれほど発達していないといわれています。ただし、においが強い食べ物を好んだり、自分（親）以外のにおいがついたヒナを嫌がったり、ある程度においの違いはわかるよう。

インコの鼻は2タイプ。丸い鼻孔が表からも見え、柔らかい「ろう膜」で覆われた鼻と、細長い鼻孔で羽毛に隠れた鼻です。

触感は発達。温度には鈍め

鳥は圧力、速度、振動に敏感だといわれています。互いによく羽づくろいをするなど、触覚も発達しています。ただし、温度を感じる温点・冷点のセンサーは反応が少し鈍めです。

くちばしにも触感があるため、仲のいいインコは互いにくちばしを絡め合わせて愛情表現をします。

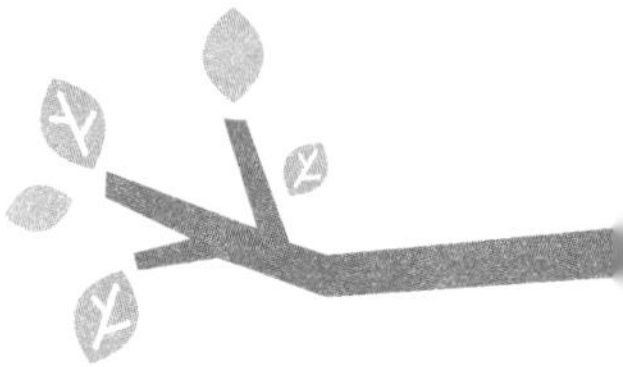

体のつくり

インコの体は、飛ぶことに特化したつくりになっています。翼があるのはもちろん、ほとんどの骨は無数の細かな柱の入った中空構造となっていて、強度を保ちながらも軽くなっています。また翼を動かし続けるために発達した「大胸筋」をもっています。その大胸筋の重さだけで体重の4分の1を占めます。この大胸筋を支えるために、巨大な胸骨があるのも鳥全般にいえる特徴です。

　さらに、飛ぶというハードな運動に耐えるには、たくさんの酸素が必要です。インコの体には肺に連なる「気嚢《きのう》」という大きな袋があり、胸がふいごのように動くため、肺の中の空気が入れ替わり、酸素と二酸化炭素を交換できるようになっています。ハードな運動である飛行をすると体温も上がりますが、この気嚢はラジエーターのように体内の熱を空気とともに外に逃がす役割もしています。体温は40〜44℃で、新陳代謝を活発にすることで飛ぶのに必要なエネルギーを得やすくなっています。

　また、趾《あしゆび》は4本で前に2本後ろに2本の「対趾足《たいしそく》」であるため、枝につかまったり物を器用につかんだりすることができます。

「消化・吸収」から「排泄」まで

体内ですり潰して栄養を吸収

インコには歯がなく、くちばしで噛み砕くことはできますが、食べ物はほぼ丸飲みし、食道の途中の「そ嚢《のう》」でふやかします。胃袋は2つあり、食べ物を酵素で分解する「腺胃《せんい》」と食べ物を細かくすり潰す「筋胃（砂嚢《さのう》）」で食べたものは流動状になります。果実食のインコなどは筋胃はあまり発達していません。そして、小腸で消化が行われ栄養分が吸収されます。

消化吸収が終わったらすぐ排泄

小腸に続き大腸があり、ここで水分や、若干の栄養素（アミノ酸など）が吸収されます。大腸そのものも短く、消化吸収が終わった残りかすはまとめて「排泄口」から排泄されます。フンと尿は同時に排泄されます。飛ぶために体を軽くしているので排泄物を体にため込まない作りなのです。

インコの体のつくり

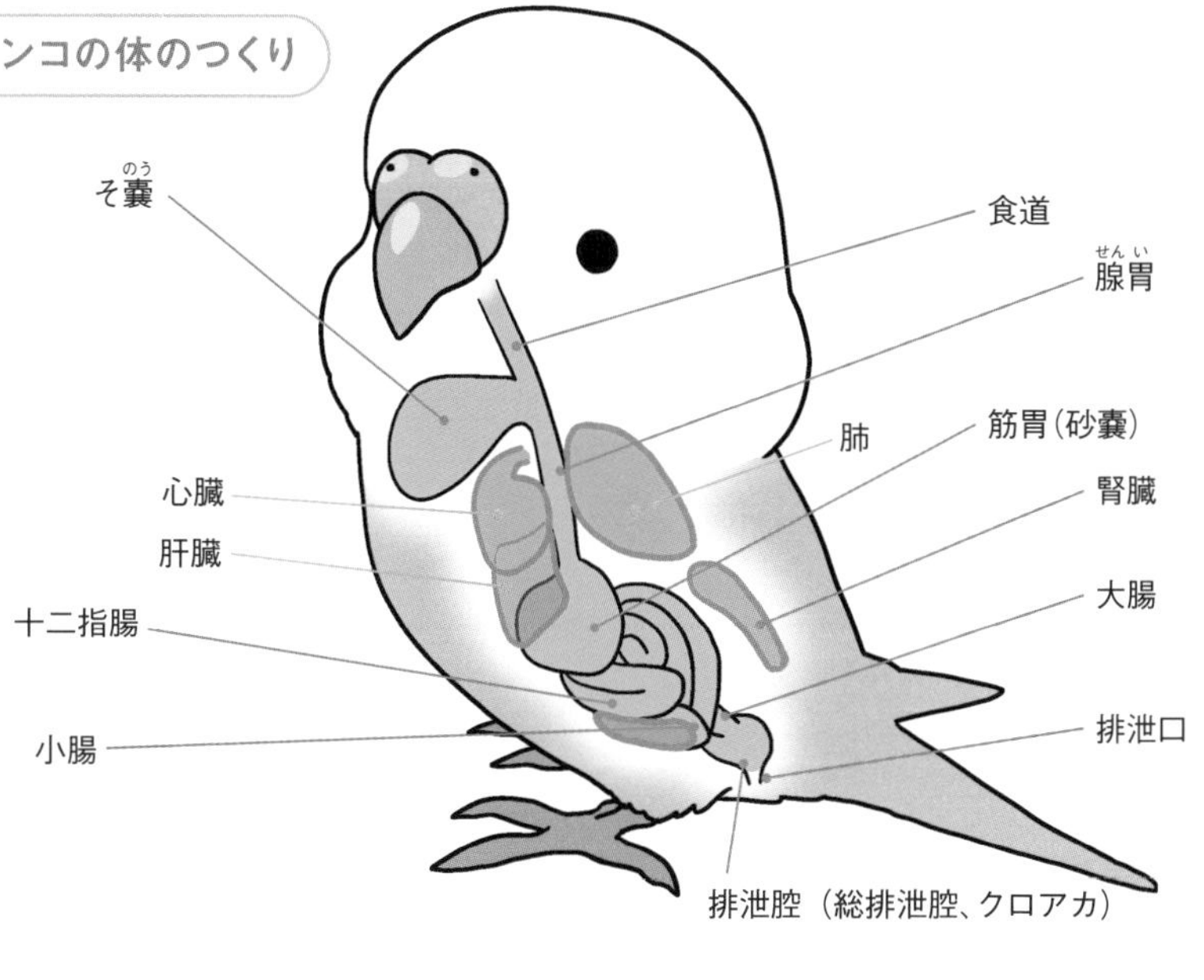

役割いろいろ・種類豊富な「羽」

羽は
正羽と綿羽の２種類

インコの体重の約10％は羽毛です。羽毛は「正羽（フェザー）」「綿羽（ダウン）」の２種類に分けられます。胸～お腹や脚のつけ根には正羽も綿羽もない「無羽部」があり、効率的に卵を温められるようになっています。羽が抜け替わる換羽《かんう》期は体に負担がかかるため、たんぱく質などを多めに摂らせましょう。

羽の種類

正羽（フェザー）

● 体羽

体の表側を覆い、水をはじく。

● 風切羽

飛ぶのに使う翼の羽。

綿羽（ダウン）

● 綿羽

皮膚に一番近い保温用の下羽。

● 半綿羽

羽軸があるが綿羽状の羽弁がついている。

羽の名称

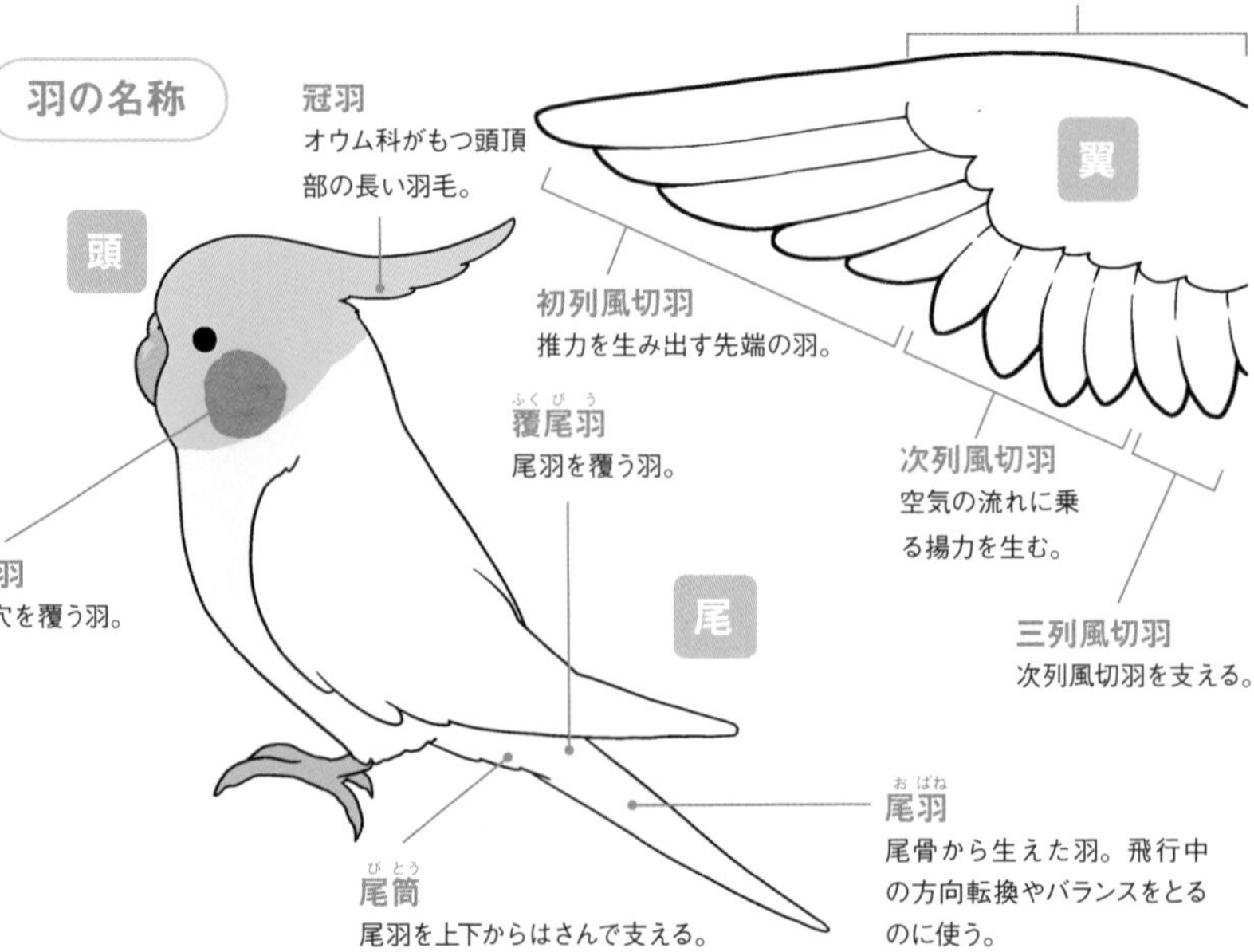

雨覆《あまおおい》
翼
冠羽
オウム科がもつ頭頂部の長い羽毛。
頭
初列風切羽
推力を生み出す先端の羽。
覆尾羽《ふくびう》
尾羽を覆う羽。
次列風切羽
空気の流れに乗る揚力を生む。
三列風切羽
次列風切羽を支える。
耳羽
耳穴を覆う羽。
尾
尾羽《おばね》
尾骨から生えた羽。飛行中の方向転換やバランスをとるのに使う。
尾筒《びとう》
尾羽を上下からはさんで支える。

2章

インコの
理想の住まい

インコが安心して暮らしていけるよう、
住まいや環境を整えることは必要不可欠。
グッズやお掃除、温度管理など、
必要があれば見直してみましょう。

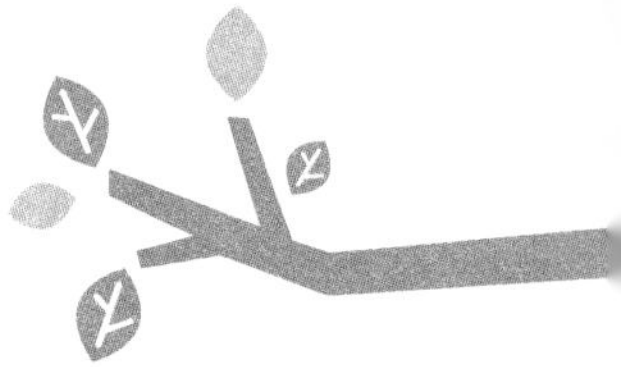

ケージで快適なおうち作りを

ケージはインコにとって、1日のほとんどを過ごす大切な家です。そのためお迎えする前に、ほどよい大きさのケージを用意しておきましょう。

ケージの中で心地よく過ごせるように、必要な飼育グッズをケージ内に取りつけておくこともポイントです。ごはん入れや水入れはもちろん、快適に休むための止まり木も欠かせません。ケージの中で遊ぶおもちゃは、怖がらないよう慣らしてからつけましょう。インコの健康のためには温湿度管理は必須です。温湿度計もケージのそばに設置します。

ただしインコに楽しく過ごしてほしいからと、グッズをたくさん設置しすぎるのも問題です。グッズが多すぎるとインコが動き回りにくくなりますし、脚を引っかけるなどのトラブルの原因になることも。止まり木は2本取りつけ、おもちゃは1～2個をケージの端につけてケージ内でインコが動くスペースは確保してください。

シニアになって脚が弱くなってきたら、止まり木や床材を工夫するなど、成長ステージによってケージレイアウトやお世話グッズは見直しましょう。

インコのなわばりを考える

なわばり意識の強さとケージのサイズは無関係

「インコはケージが狭いとなわばり意識が強くなり、攻撃的になる」という説がありますが、ケージの大きさとは関係なく「なわばりの中に守りたいものがあるから」または「なわばりを侵害されたと感じるから」攻撃的になると考えられます（→p .178）。P.43のサイズを目安に、それぞれのインコに適切な大きさのケージを用意しましょう。

ケージが小さくてもなわばり意識には影響しませんが、インコが過ごしにくいうえに、「ケージ＝巣箱」と勘違いしてしまって発情しやすくなります。

慣れていないうちは構いすぎない

インコにとってケージはプライベートスペースです。特にまだ人や環境に慣れていないインコにとっては、唯一安らげるケージの中は絶対に守りたい場所です。そのため不用意に手を入れたり構われたりすると、ストレスを感じたり噛んだりします。慣れていないうちは、あまり構わずにリラックスして過ごしてもらえるようにしましょう。

慣れてきたらケージ越しに声をかけたり、おやつをあげたりしてスキンシップをはかりましょう。ウトウトしているときはそっとしておいて。

まずはケージを選ぼう

ケージのチェックポイント

形

おしゃれな形のケージもありますが、まずは一般的な四角いケージが広く使えるのでおすすめです。

色

塗装のないステンレス製のケージが無難です。色つきのケージははがれた塗装をインコが食べてしまう可能性もあります。

使い心地

毎日掃除をしやすく、インコとも触れ合いやすいかどうかイメージして選びましょう。

天井が大きく開くと掃除がスムーズ

ケージの天井が大きく開くと、グッズを出し入れしやすく、掃除が楽です。

前面が大きく開くと手を入れやすい

ごはんや水のセットなどが楽にでき、扉の部分にインコが乗って外に出てきやすいです。手に乗せたままインコをケージへ入れることもできます。

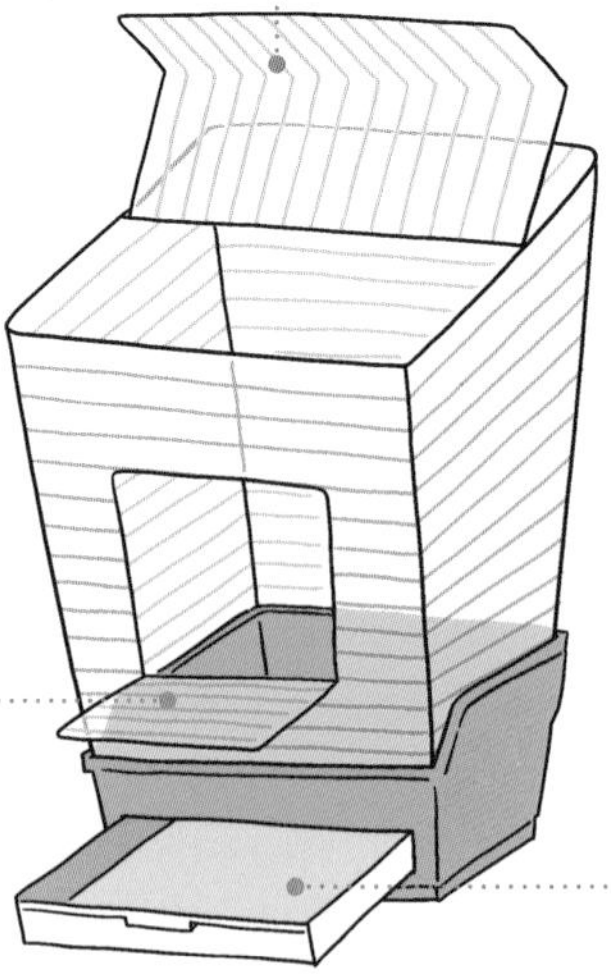

ケージの底が引き出し式のトレイになっている

ほとんどの鳥用ケージに装備されているのが、ケージの底についた引き出し式のトレイ。底に落ちたウンチや食べかすなどを掃除しやすくなっています。同じように見えてもスライドの仕方が違うこともあるので、実際に引き出してみて使い心地をチェックしましょう。

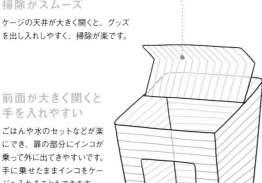

ケージの大きさ

インコが快適に過ごすためには、まずケージが体の大きさに合っていることが大切です。体に対して小さいケージはケガの原因になりますし、巣箱を連想させて発情もしやすくなります。ラブバードなど2羽を同じケージで飼う場合は、広めのケージを用意しましょう。オカメインコのように尾羽が長い場合は、尾羽が柵に当たらない大きめのケージにします。

ケージのサイズの目安

鳥の種類	ケージのサイズなど
小型種 （セキセイインコなど）	1辺が35cmくらい
中型種 （オカメインコなど）	1辺が45cmくらい
大型種 （ヨウムなど）	1辺45cm以上、 高さ60cm以上、 柵の太さ2mm以上
特大種用 （ルリコンゴウインコなど）	1辺46cm以上、 高さ100cm以上、 柵の太さ3mm以上

ケージのレイアウト

ケージが狭くなりすぎないように考えながら配置します。温湿度計や保温用品はケージの外に置くとケージ内をインコが広々使えます。

おもちゃ ▸▸ P.47

入れすぎて狭くならないように1～2個だけ入れてあげましょう。インコが興味をもってくれて、羽や脚が引っかからないものを選んで。

水入れ ▸▸ P.45

縦型は水を汚しにくい半面、倒すと飲めなくなります。器タイプは洗いやすいですがシードの殻や羽などが入ることも。飼い主さんやインコの使いやすさを考えて選びましょう。

保温器具 ▸▸ P.46

気温が下がり始める前に、ストーブやひよこ電球などの保温器具を用意。使うときはインコがやけどをしないように直接触れない外側に取りつけます。

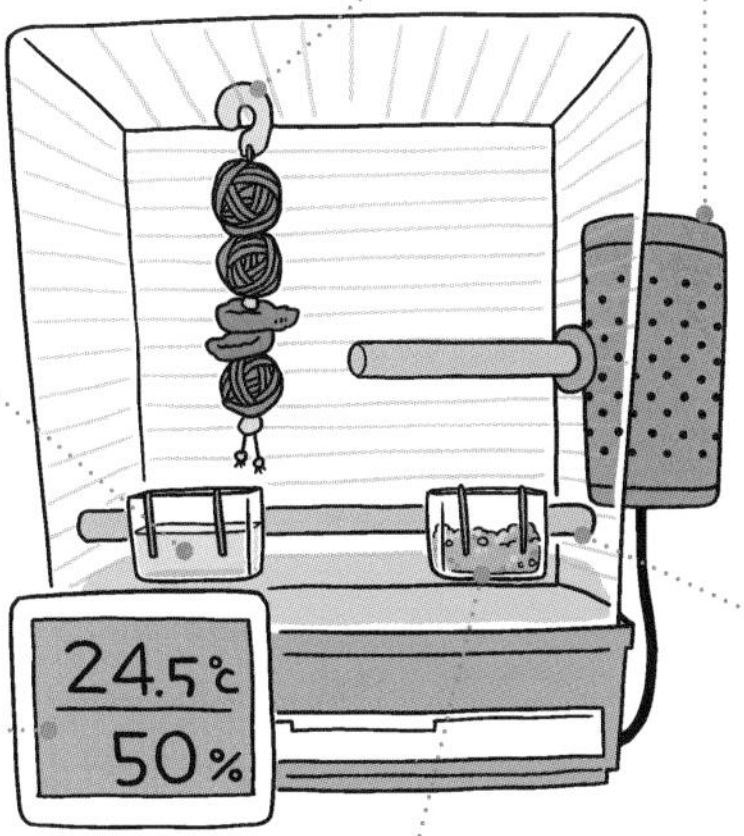

温湿度計 ▸▸ P.46

室温は場所によっても異なります。適切に温度・湿度を調整できるように、温湿度計はケージの外かケージ脇に置きましょう。

止まり木 ▸▸ P.44

若鳥のうちは1本でも構いません。手前と奥に高低差をつけて2本設置すると、ケージ内で適度に前後運動ができます。

ごはん入れ ▸▸ P.45

食べやすい位置に設置。止まり木の近くが○。

必要なグッズを揃えよう

止まり木

止まり木には、表面がつるつるで真っすぐな「人工木」と、自然な枝の形を生かした「天然木」の２種類があります。細すぎても太すぎてもインコの趾《あしゆび》に負担がかかるため、ちょうどよい太さのものを選びましょう。ケージや壁に取りつけるタイプのほかに、床に置ける「スタンドタイプ」もあり、放鳥時に便利。

天然木

自然な枝の形を生かして、ケージに取りつけられる止まり木に加工しています。止まる箇所によって太さが違い、多少の凹凸があってしっかりつかまることができ、趾にタコができにくいです。

スタンドタイプ

ケージの外に置いておくと、ケージから出てトレーニングをしたり遊んだりするときの居場所の1つになります。人工木と天然木の2種類があります。

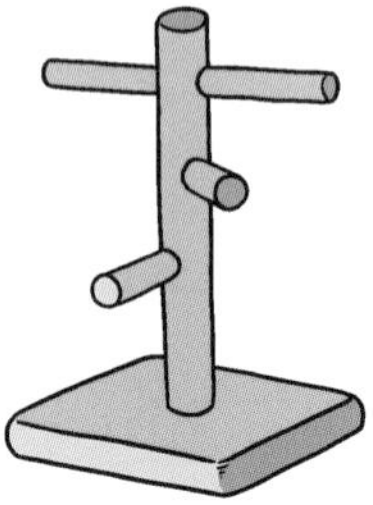

人工木

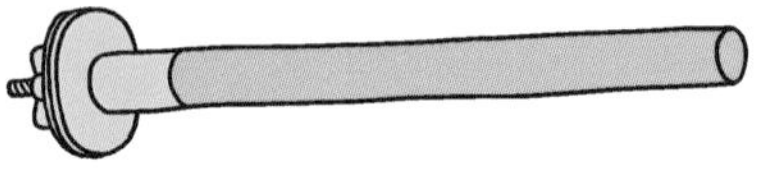

全体の太さが均一な止まり木です。若鳥が止まる練習をするときにおすすめ。慣れるまではケージ内に１本だけ設置します。

止まり木の太さ

止まり木は太すぎても細すぎてもつかみにくくなります。インコが止まり木をつかんだときに、ギュッと趾全部でつかむのではなく、2/3～3/4 くらいでにぎれる太さがちょうどよいでしょう。太さが均一の止まり木を使い続けると、趾の同じ箇所にばかり力がかかり、タコができやすくなります。天然木の止まり木は、太さが不均一でいろいろなつかまり方ができるので、止まり木にしっかり止まれるようになったインコにおすすめ。しっかりつかまったり力を抜いて休んだり、自分でつかまり具合を調整できます。

ごはん入れ

底が深すぎるとインコが食べにくいので、様子に合わせて選びます。小型インコはシンプルなプラスチック製がおすすめで、「ボレー粉入れ」として売っているものはサイズも小さく使いやすいです。大型インコはかじって壊してしまわないステンレス製がおすすめ。

ごはん入れを複数置くとフォレイジングにもなります（→ p.152）。

水入れ

水入れの中にごはんやフンが入るのが気になるのなら、縦型のものもあります。縦型の水入れに変えるときは、インコがきちんと水を飲めているか確認をしましょう。きれいな水が飲めるように、水入れは毎日水を取り替えるたびにしっかり洗いましょう。

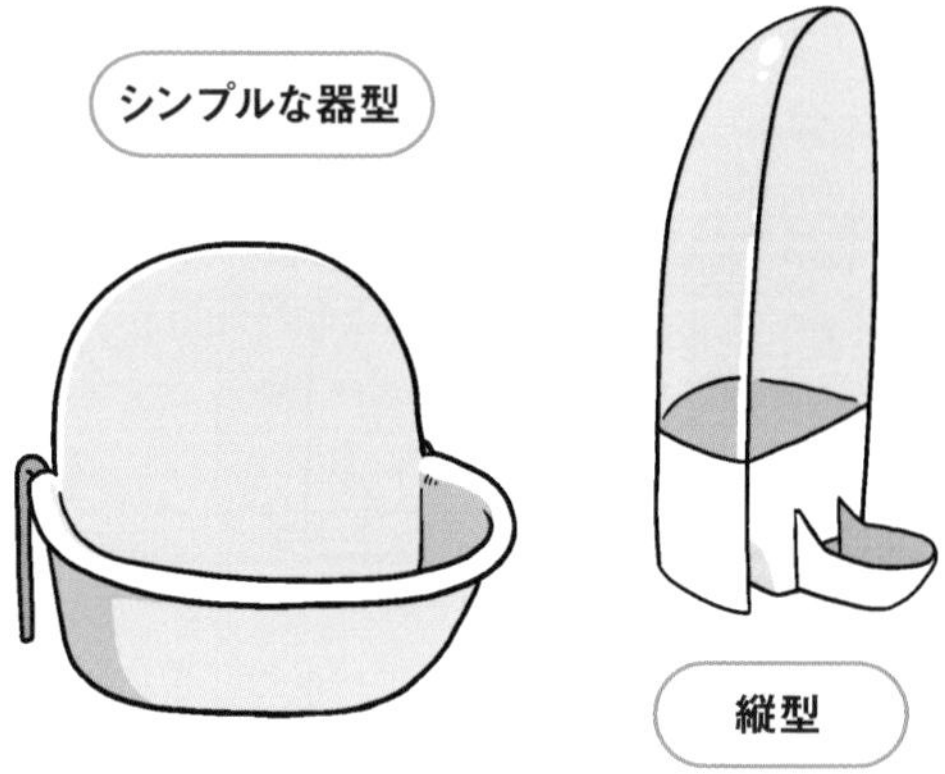

キャリーケース

動物病院への通院など、出かけるときに使います。「ケージタイプ」のキャリーや、ヒナの間や通院のときに保温しやすくて便利な「プラスチックケース」があります。夏場は通気性がいいケージタイプを使って、冬場はプラスチックケースを使ってもいいでしょう。

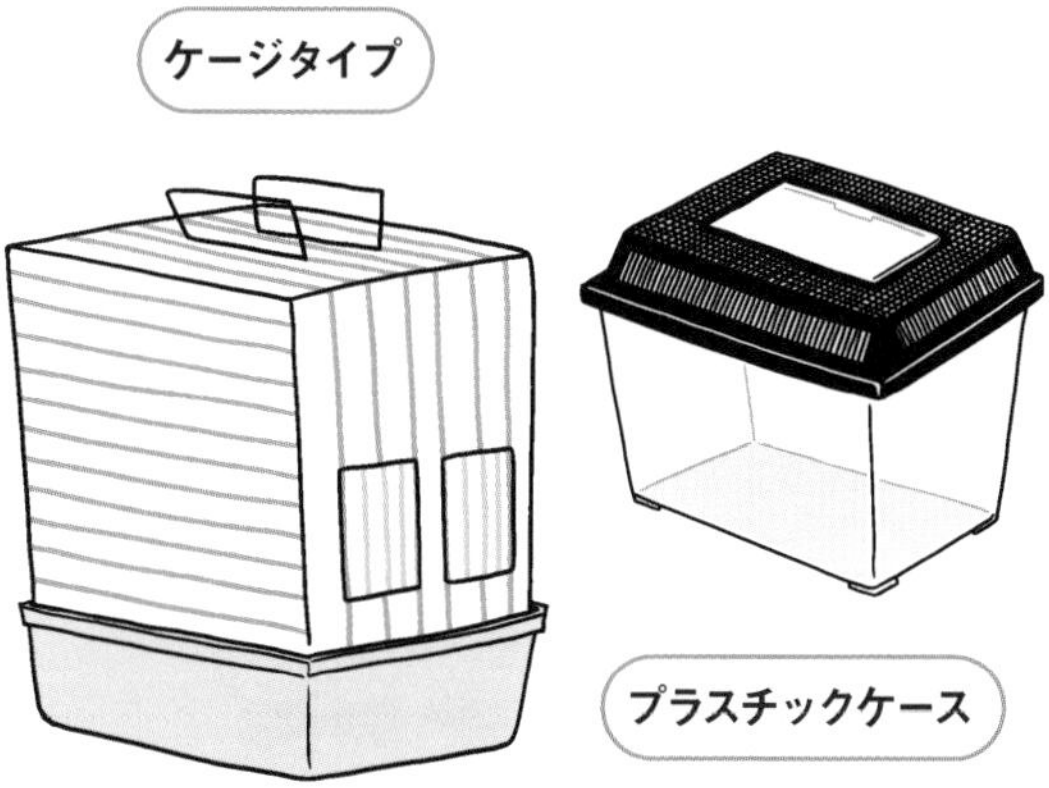

プラスしたい便利なグッズ

鳥も飼い主さんもより快適に！

基本的な飼育グッズはお迎え前に用意しますが、そのほかのグッズは必要があれば追加していきます。温湿度計や体重計は健康管理に必要ですし、寒くなれば保温用品も必要になります。あると便利なグッズがいろいろあるので、適宜用意していきましょう。

ケージカバー

インコを寝かせるときに使用します。保温器具とともに使うと温かい空気がケージから逃げずに便利です。保温器具と使うときはケージ内が暑くなりすぎないように注意。

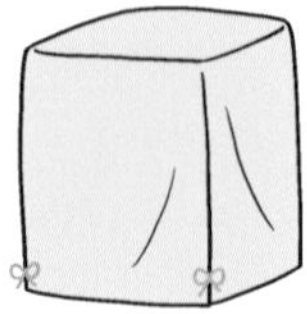

温湿度計

インコのいる場所の温度・湿度を確認していつでも調節できるように用意しましょう。インコが触れないケージの外側に取りつけるか、ケージのそばに置きます。

体重計

キッチン用などのスケールは体重計として使えます。体重の変化に気づきやすいように、最低でも1g単位で測れるスケールにしましょう。

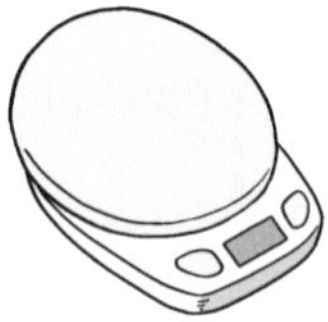

保温用品

寒いときにケージにつけたり、移動するときキャリーにつけたりして使います。ヒナや体調を崩したインコは、季節を問わず保温が大切です。ケージやキャリー全体の空気を温められるものがおすすめです。

パネルウォーマー

寒いときにインコが近寄って体を温めるものです。

ひよこ電球タイプ

高温にできるため、ケージ内の空気を温めやすい。

【必要と感じたら用意するもの】

おもちゃ

たくさん入れるとケージが狭くなるので、1～2個入れる程度がいいでしょう。怖がるインコや遊び方がわからないインコには、慣らしてからケージに設置するようにします。

見慣れない物を怖がるインコは多いです。おもちゃもインコの様子を見ながら慣らしましょう。(→ p.148)

ナスカン

インコがくちばしでケージの扉を開けようとしたら、ナスカンを扉に取りつけてロックします。

留守中に脱走すると危険なので、ロックはしっかりと。

菜さし

健康維持のため青菜をあげるときに、中に挿しこむ「ポットタイプ」や、挟んであげる「クリップタイプ」などがあります。ごはん入れにペレットやシードと混ぜて入れ、フォレイジング（→ p.152）にしても。

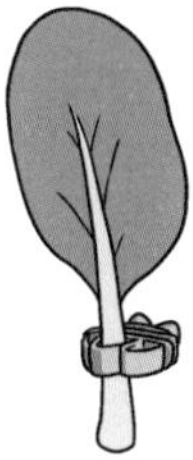

クリップタイプ

ポットタイプ

掃除グッズ

小さなちり取りとほうきを常備しておくと、ケージの底やケージ周辺に飛び散ったごはんや羽毛を、気づくたびにさっと掃除できます。フン切り網のフンは「ヘラ」があるとスムーズに落とせます。歯ブラシや雑巾、ペット用消毒剤なども必要に合わせて用意しましょう（→ p.50）。

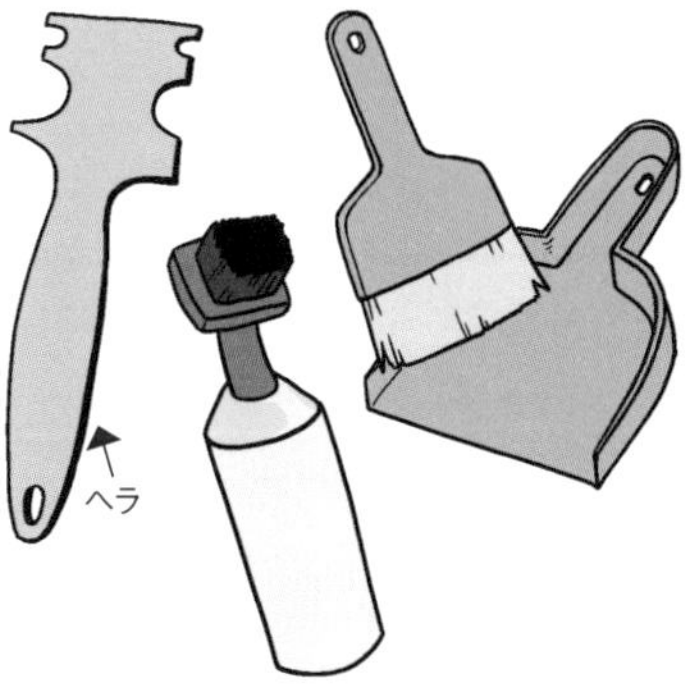

ケージの置き場所を考える

野生のインコは、自分で自由に快適な居場所を求めて移動ができます。しかし、飼育下ではそうはいきません。ケージの置き場所は、インコが落ち着いていられて、なるべく温度差がないところにしましょう。基本的には「人が集まる部屋」がおすすめです。インコは寂しがり屋で、仲間と過ごすのが好きな生き物だからです。

インコをお迎えしてすぐは「静かで落ち着ける部屋がよい」と考えるかもしれませんが、それまで親やきょうだいといっしょにいたインコがいきなりひとりぼっちにされるのはストレスです。また、インコが体調を崩してもそばにいつも人がいれば、すぐ気づいてあげられるというメリットもあります。最初は構いすぎないことが大事ですが、人の気配が感じられる部屋にいるのがいいでしょう。

ケージを置く部屋が決まったら、部屋のどこに置くかを考える必要があります。部屋の真ん中ではなく、ケージのどこか一面が壁に接するように置くとインコは落ち着きます。退屈しないように窓辺に置いてあげるなど、インコによかれと思って置いた場所がストレスになることもあります。

安心・快適なケージの置き場所

部屋

○ リビング	× 玄関
× キッチン	△ 寝室

人がいるリビングがおすすめ。玄関は出入りや温度変化があり、落ち着けません。キッチンはフッ素樹脂加工製品の空焚きで発生する気体を吸い込み、死亡する事故があるので避けます。寝るときに寝室など静かな場所にケージを移動してもよいでしょう。

置き場所

次のような場所は避けましょう。

× ドアの近く

出入りがあり落ち着きません。温度変化も激しい。

× 窓の近く

温度変化が激しく、猫やカラスの姿が見えるとストレスに。直射日光が当たる場所もNG。

× エアコンの近く

直接エアコンの風が当たる場所もNG。

× 高すぎる場所

落下の恐れがあります。

× 低すぎる場所

低いところは落ち着きません。

× テレビやスピーカーの近く

うるさいと落ち着きません。テレビが見える位置にケージを置くのは○。

column

高い位置でもインコは威張りません

「ケージを高い場所に置くと、自分はエライと思ってインコが威張る」という説がありますが、野生では高い位置にいるインコがエライというわけではありません。互いに高いところに行ったり低いところに行ったりと自由に移動しています。ただし、あまり高いところにケージを置くと人がお世話をしづらく落下すると危ないです。飼い主さんと触れ合うことができ、インコも落ち着くかどうか様子を見て、ケージを置く高さを決めましょう。

毎日の掃除で健康を守ろう

インコのケージやケージ周りは、排泄物や食べかす、体から抜けた羽や脂粉が飛び散ります。オカメインコや白色オウムなどは脂粉が多めといわれていますが、その他のインコも脂粉が出ますし換羽期には特に増えます。こうしたケージ周りのさまざまな汚れを放置していると、インコも飼い主さんも呼吸器疾患などを起こしやすくなってしまいます。インコの排泄物は犬猫ほど臭わないので掃除の手を抜いても大丈夫と考えてしまうかもしれませんが、乾燥したフンに含まれる細菌を人間が吸い込むことで感染する病気もあります。毎日掃除をして、インコも人も健康に過ごせる環境を維持しましょう。

掃除は「毎日する掃除」「週１回する掃除」「月１回する掃除」の３つに分けられます。フン切り網のフンを取るときにヘラを使ったり、細かいところは歯ブラシや綿棒を使うと効率よく掃除ができておすすめです。脂粉はケージだけではなく部屋中に飛ぶので室内も毎日掃除機をかけるようにします。

なおインコは日の出とともに起き、日が沈むと眠る昼行性のため、生活リズムを守れるように夜遅くに掃除をするのは避けましょう。

毎日掃除をしよう

毎日の掃除

● ケージの底に敷いた紙の交換

ケージの底に敷いた紙は毎日取り換えます。あらかじめケージのサイズに合わせて新聞紙など底に敷く紙を折っておくと、サッと取り換えられます。交換するときに排泄物の状態もチェックしましょう。

● 水入れ・ごはん入れなどの洗浄

水ですすぐだけでは×。専用のスポンジなどを用意してしっかり汚れを落とします。縦型の水入れを洗うには、ボトル用スポンジがあると便利です。ぬめりが落ちにくいときには熱湯消毒をするといいでしょう。

ごはんや水が残っていても必ず捨てて、新鮮なごはんと水を入れてあげましょう。もったいないからとつぎ足すのは×。

週1回の掃除

● フン切り網の掃除

フン切り網についたフンをしっかり取り除きましょう。ヘラがあるとスムーズにフンを落とせます。また、ケージ底の引き出しの中も掃除しておきます。

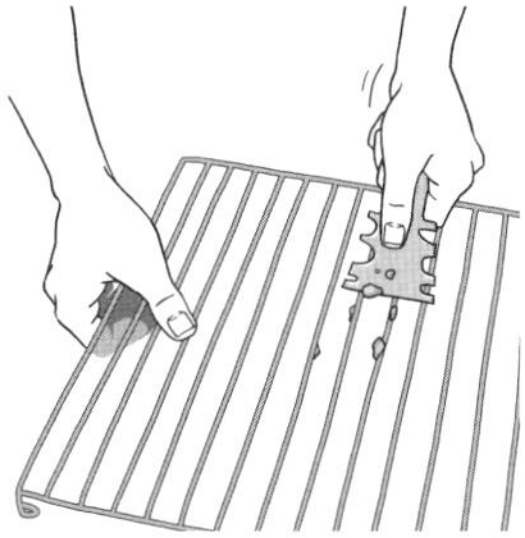

月1回の掃除

● ケージの分解と丸洗い

少し手間がかかりますが、月に1回は天気がいい日を選んで、ケージ全体をしっかりと洗いましょう。

1

インコをキャリーケースに移動させて、ケージを細かく分解します。

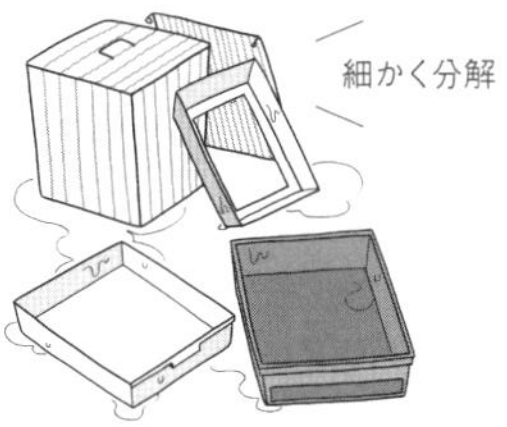

2

スポンジやブラシを使ってパーツを隅々まで水洗いします。汚れが落ちにくい細部は歯ブラシや綿棒を使って。

3

洗い終わったら熱湯消毒を行い、水気を拭き取ります。完全に乾燥するように、日光に当ててしっかり乾かしましょう。

注意! アルコール消毒や除菌用ウェットティッシュは、インコに害があるため掃除に使用しないで!

温度・湿度調整のコツ

健康な大人のインコは自分で体温調節ができるので、人間が快適に過ごせるくらいの温度と湿度を保っていればそこまで気にしなくても大丈夫。冬場は暖かくしすぎてしまうと発情を促してしまうため、やや低めの温度設定にします。しかし急激な温度変化は注意が必要で、夏や冬に限らず急に寒くなったり暑くなったりしそうな日はエアコンや保温用品などを使って調整しましょう。同じ部屋にいると気づけますが、人間が部屋にいないときは注意が必要です。たとえば、夏寝る前や買い物に行く前にエアコンを切って部屋を閉め切ったままにしてしまうと、熱中症になる恐れがあります。

鳥類も*恒温動物ですが、ヒナのうちはまわりの温度の影響を受けます。そのためケージ内の温度を常に28〜30℃くらいに保つ必要があります。また体調を崩しているインコも、体調に合わせて保温してあげることが大切です。夏や冬の通院時は特にしっかり対策しましょう。車でエアコンを効かせていてもキャリー内は適温ではなかったり、駐車場から病院へ移動するときの温度変化で体調を崩してしまったりすることがあります。

＊恒温動物……外界の温度に関係なく一定の体温を保つ動物。「定温動物」ともいう。哺乳類と鳥類がこれに属する。対して体温が変わる動物は「変温動物」。

温度・湿度とインコの様子をチェック

インコの様子で温度チェック

室温は適温でも、インコのいる場所と室温とでは寒暖差があることも。温湿度計はケージのそばに置くようにしましょう。ケージに日光が当たっている、エアコンの風が届きにくい、すき間風があるなどの理由から、インコが暑がったり寒がったりすることがあります。下のような様子が見られたら、温度・湿度を見直すようにしましょう。

注意！ 病気になると高い体温を保つことが難しくなるため羽毛をふくらませます。
ケージ周りは適温なのにふくらんでいるようなときは、体調が悪くないか確認を。

暑いとき

ぐったりしている
口が半開き
翼を脇から浮かせている
息づかいがハアハアと荒い
全身がほっそり

寒いとき

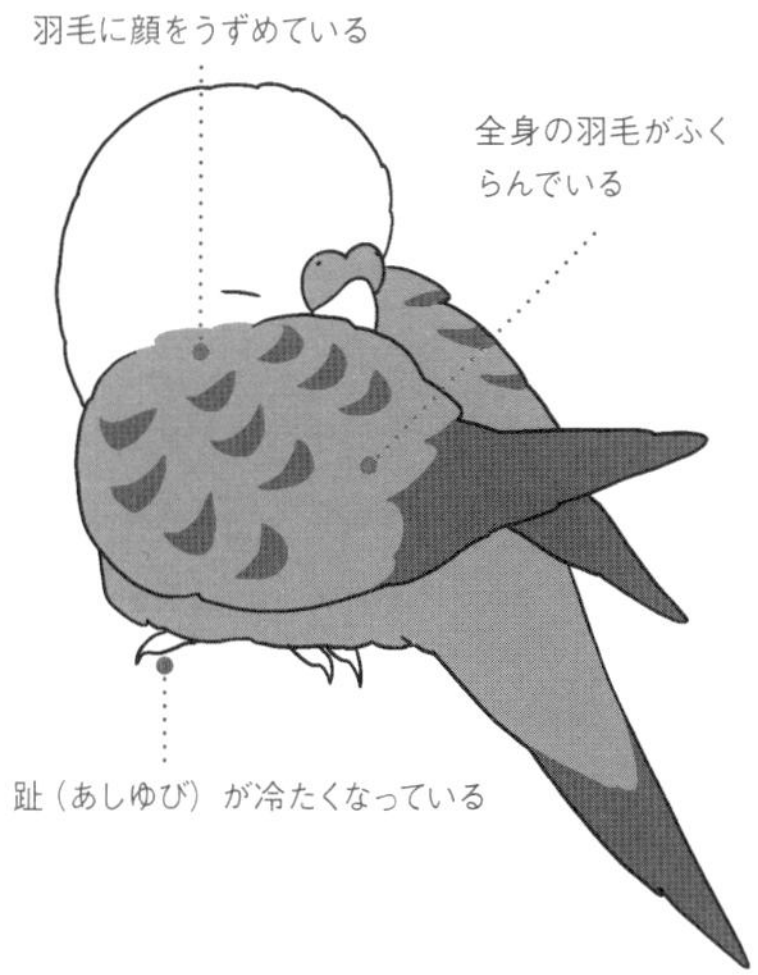

羽毛に顔をうずめている
全身の羽毛がふくらんでいる
趾（あしゆび）が冷たくなっている

● 暑がる原因をチェック

- ☑ 温度・湿度が適していない
- ☑ 直射日光が当たっている
- ☑ もう少し涼しめが好き

● 寒がる原因をチェック

- ☑ 温度・湿度が適していない
- ☑ 体調が悪い
- ☑ すき間風がある

季節ごとの注意点

春

基本的に暖かく過ごしやすい日が多い季節。ポカポカ陽気の穏やかな日は、適度に日光浴をさせてあげましょう。ただし初春には冬の寒さが戻ることもあります。また、夏日で気温が一気に上がることも。前日との気温差が激しいときは特に体調を崩しやすいので要注意。天気予報をチェックしながら暖房器具と冷房グッズを上手に使い分けましょう。

日光浴
きもちイイ～♪

夏

40℃近くまで気温が上がる日も珍しくありません。熱中症になると命にかかわることもあるので、エアコンをつけて適温を維持するようにしましょう。ただしエアコンの風が直接当たると体を冷やすことがあるので気をつけて。また、人間が寝るときにエアコンをタイマーにして切れたために熱中症になってしまうケースが多くあるので注意が必要です。逆に梅雨の時期など急に寒くなっても体調を崩しやすくなります。

秋

暑い夏が終わり過ごしやすくなりますが、急に暑さがぶり返したり冷え込んだりと気温の変化が激しいので引き続き油断はできません。急な温度変化に弱い子は、まだ体が慣れていないうちに急な寒さが来ると体調を崩しやすくなることも。暖房器具は早めに確認し、いつでも設置できるようにしておきましょう。

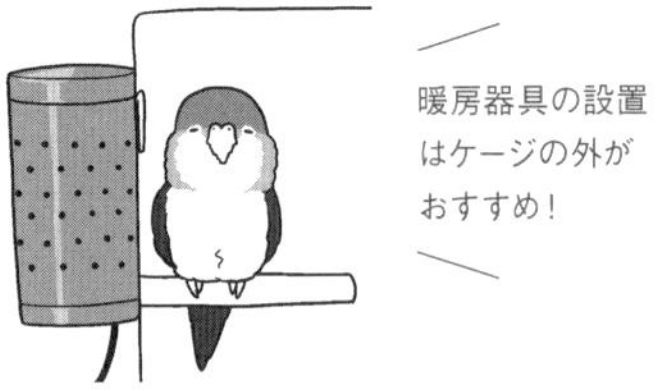
暖房器具の設置
はケージの外が
おすすめ！

冬

気温が下がって空気が乾燥します。エアコンで室温調整をするだけでなく、インコ用の暖房器具をケージの外側に設置しておくと安心です。急な温度変化には弱い子もいるので、昼夜で寒暖差がある日は特に注意しましょう。朝部屋が暖まりきっていないうちの放鳥も要注意。健康な成鳥は、発情抑制のために冬場は暖かくしすぎないようにします。インコが羽毛をふくらませるなど、寒そうにしていないか様子を見ながら温度管理をするようにしましょう。

3章

もっと幸せにする 基本のお世話

インコを健康に育てるためには、
毎日のお世話がとても大事。
その食べ物やお世話が何のために必要なのか、
考えてみましょう。

インコの栄養学

インコは代謝が活発な生き物です。高い代謝を保つため、たくさんの栄養素を必要としています。飼育されているインコは、飼い主さんがくれる食べ物だけから栄養を摂取します。与えられるごはんが偏れば栄養不足になり、食べる量が多すぎても栄養過多で病気になることがあります。飼い主さんはインコに必要な栄養分をバランスよく、適量与えることが大切です。

　インコに必要な栄養素は、主に「炭水化物、たんぱく質、脂質、ビタミン、ミネラル」です。信頼できるメーカーのペレットはこうした栄養素がバランスよく含まれているため、ペレットを主食とすると便利です。しかし、インコによってはペレットをあまり食べず、シードを好む子もいます。シードを主食とする場合は、栄養素が偏らないよう、いろいろなシードを与えたうえで、ビタミン剤で不足する栄養素を補いましょう。

　食べることは喜びのひとつ。インコが幸せに暮らせるよう、ぜひ栄養バランスのとれた豊かな食事を用意してあげてください。

鳥の健康維持に必要な五大栄養素

【炭水化物】

体を動かすエネルギーの主な源で、食べるとすぐにエネルギーとして使われます。インコを含む鳥は新陳代謝がとても活発で、たくさんのエネルギーを必要としています。炭水化物に含まれる食物繊維は腸の働きを促し、腸内環境をよくしてくれます。

必要量 一番多く必要で、飼料中の80%前後。

含まれる食材

穀類（種子、豆など）
果物　野菜　など

過剰摂取

エネルギーとして使い切れなかった炭水化物は脂肪となって体内に蓄えられるため、肥満の原因になります。

欠乏

体を動かすエネルギーが不足するため、まずは空腹感が強くなります。やがてエネルギー不足で活発に動けなくなり、最悪の場合、命にかかわります。

【たんぱく質】

健康的な成長や繁殖、病気への抵抗力に欠かせない栄養素です。血や筋肉、羽など体のさまざまな組織を作るとともに、ホルモンや酵素の材料にもなります。たんぱく質は複数のアミノ酸から構成されています。アミノ酸はインコの体内で合成できないものもあるため、種類豊富なアミノ酸を食べ物から摂ることが大切です。

必要量 食事量のうち、成鳥で10%、幼鳥で20%前後必要。換羽期や繁殖時には必要量が増えます。

含まれる食材

穀類（種子、豆など）
種実類（ナッツなど）
虫　など

過剰摂取

さまざまな内臓疾患の原因となります。成鳥では、摂りすぎると発情しやすくなります。

欠乏

発育不全や繁殖障害、体重減少、羽毛障害の原因となります。腫瘍ができやすくなることも。

【 脂肪 】

たんぱく質や炭水化物の２倍以上のエネルギーを生み出します。また、細胞膜の材料になるほか、脳の機能を保つ役割もあります。コンゴウインコやヨウムなど油ヤシを食べるインコは不足が生じやすいとされています。

必要量 食事量のうち４～５％。

含まれる食材

種実類（ナッツなど） など

過剰摂取

肥満のほか、脂肪肝や動脈硬化を招いたり、心臓の病気にもつながります。

欠乏

エネルギー不足、ホルモンバランスの乱れ、脂溶性ビタミンの吸収不良や、若いインコは発育不全が起こります。

【 ビタミン 】

体の発達や成長、健康維持に欠かせない栄養素です。炭水化物やたんぱく質、脂質をエネルギーに変える役割も果たします。鳥が体内で合成できるのはビタミンC、D、ナイアシンだけなので、それ以外のビタミンは食べて摂取する必要があります。

含まれる食材

サプリメント 野菜 果物 など

過剰摂取

サプリメントなどで過剰摂取となることが多いので要注意。ビタミンAやDの過剰投与は中毒を起こします。

欠乏

ビタミンAの不足は目や呼吸器の疾患を招き、ビタミンD不足は脚の異常、発育不全などを起こします。

【 ミネラル 】

ミネラルは骨を強く維持するほか、細胞や神経の正常な働き、筋肉の収縮にも欠かせません。カルシウムやリン、マグネシウム、ナトリウム、カリウム、ヨウ素などさまざまな種類があり、それぞれバランスよく少量ずつ摂ることが大切です。

含まれる食材

サプリメント ボレー粉 カトルボーン ミネラルブロック など

過剰摂取

ヨウ素の過剰は甲状腺腫を、カルシウムの過剰は亜鉛やマンガンの吸収を阻害し腎疾患を引き起こします。

欠乏

ヨウ素不足は甲状腺腫を招き、産卵時などはカルシウム不足から低カルシウム血症になりやすいです。

成鳥は体重が増えないよう摂取カロリーをキープ

１日に必要なカロリーは、生命維持に必要な「基礎代謝量」と「活動エネルギー」で計算されます。鳥も人間と同じでそれぞれの個体で代謝が異なるため、１日に必要な食事量は獣医師と相談して把握するようにしましょう。成鳥の場合、カロリーの摂りすぎは、肥満や発情につながります。ヒナのときには成鳥時の２～３倍のカロリーが必要となります。

体を維持するには水も重要！

水は体内での「エネルギーの合成」「栄養を全身に運ぶ」「体温調節」などの働きに欠かせません。食べ物に気を配るほかに、新鮮な水を用意することもインコの健康を守るためには大切です。少なくとも１日１回は水入れの水は交換し、清潔で新鮮な水がいつでも飲めるようにしてあげましょう。

注意！

水は摂りすぎても血液が薄くなり低ナトリウム血症などを起こします。水分量が多い挿し餌をヒナにあげ続けると、水分過剰症（水中毒）の原因となる場合もあります。

インコに合わせて食べ物もチョイス

成長期

成鳥よりも多くのカロリーが必要。たんぱく質も多めにする。

運動量

運動量が増えたら炭水化物などでカロリーを多めに与える。運動量が減ったら、カロリーも減らす。

換羽期・繁殖期

アミノ酸を必要とするので、たんぱく質を増やす。繁殖期はカルシウムも多めに与える。

強いストレス

炭水化物と果物を多めにする。

季節

野生では季節によって食べ物が変化するが、飼育下では体重により調整する。夏は水を切らさないように。

病気のとき

病気により摂取してよい栄養が変わるため獣医師に相談する。体重が落ちている場合は、栄養価の高いものを与える。

食性で食べ物を考える

インコの種類によって食性は異なります。これは元々住んでいた地域によって得ることができる食べ物が異なるためです。インコの食性は、主に4つに分けられます。穀物や種子類が主食の「穀食性」、果物や種実がメインの「果食性」、花の蜜や花粉が中心の「蜜食性」、植物だけでなく虫も食べる「雑食性」です。2つ以上の食性をもつインコもいます。

食性が合わない食事を続けていると、体調を崩すことがあります。たとえば穀食性のセキセイインコが果物をたっぷり食べると、果糖がうまく消化できず水様便をすることがあります。毎日健康で元気に過ごせるように、インコの食性をチェックし、その子に合った食事を用意することは大切です。

とはいえ、飼育されているインコと野生のインコとでは毎日の運動量や生活環境がまったく異なります。野生と同じ食生活が必ずしもいいとはいいきれません。場合によってはエネルギー量が多すぎて肥満になったり、栄養過多になったりします。食性は参考にしつつ、それぞれ様子を見ながら「どんな栄養が必要か」「何を食べさせてはいけないか」を考えて食事をあげたいですね。

4つの食性とインコの種類

穀食性

穀物や種子類が主食です。

- セキセイインコ
- オカメインコ
- コザクラインコ
- マメルリハインコ　など

果食性

果物や種実が主食です。

- オオハナインコ
- コガネメキシコインコ
- ベニコンゴウインコ
- キソデボウシインコ　など

蜜食性

花の蜜や
花粉が主食です。

- ゴシキセイガイインコ
- オトメズグロインコ　など

雑食性

植物だけでなく虫も食べます。

- アキクサインコ
- ナナクサインコ
- キバタン　など

● 多くのインコは４つの食性にかかわらず、いろいろなものを食べます。

主食にはペレットがおすすめ

インコの栄養についてはまだわかっていないこともありますが、信頼できるメーカーから市販されている「ペレット」は、今の時点で必要とされているすべての栄養素を含む総合栄養食になっています。ペレットはアメリカを中心に普及してきたもので、中、大型インコや果食性・蜜食性のインコには特におすすめです。

　ペレットは製法によって、原材料を固めて乾燥させてある「圧縮タイプ」、高温高圧で作られた「押し出し成型ペレット（ＥＰ）」の主に2種類に分けられます。圧縮タイプは自然なままの栄養素を摂れる一方で、ＥＰはでんぷん質を体に吸収しやすいといわれています。そのほかにも、鳥の種類に合わせて小型種用、大型種用、フィンチ用などがあり、カラフルな色つきもあるほか、体調別のペレットなども販売されています。

　今までシード食だったインコはペレットをなかなか食べないことが多いですが、インコのライフステージや体調も考えながら気長に食べてくれるペレットを探していきましょう。

ペレットの選び方

インコの種類に合ったサイズをチョイス

ほとんどのペレットのパッケージには、対応している鳥の種類が明記されています。それを参考にして、自分のインコの種類や体の大きさに合う粒のサイズのものを探しましょう。メーカーが違うと同じ鳥種用でも粒のサイズが違うことがあります。いろいろ試してみて、インコが食べやすい大きさのものを選ぶようにしましょう。

複数のペレットを試してみる

ペレットはサイズのほかに、形や色、舌触りなどがそれぞれ異なります。種類がとても豊富なので、いろいろなペレットを試してみて、インコの好みに合うものを見つけてあげましょう。なお特定のペレットが手に入らなくなったときのために、普段から複数のペレットをあげておくと安心です。

ペレットはここもチェック！

カラーがあるかないか

カラフルな色つきペレットだと、色に興味をもって食べるインコもいます。ただし排泄物に色がつきやすいので、健康チェックがしにくくなるという欠点も。健康チェックのためには、無着色のナチュラルタイプがおすすめです。

病気のときは療法食を

病気のときには、それぞれ治療に適した栄養を配合された療法食があります。療法食は、獣医師の処方が必要です。

体調・ライフステージに合っているか

インコの体調や成長、時期などに合わせたペレットもあります。

●ハイエネルギータイプ

換羽期や発情期など、エネルギーが必要な時期にぴったりなペレット。高たんぱくで高脂肪です。

●ダイエットタイプ

肥満傾向のインコのために作られた、低脂肪のダイエット用。エネルギー不足にならないよう、あげる前に獣医師に相談を。

個性に合わせたペレットのあげ方

インコがペレットを食べる様子を見ていると、一羽一羽で違いがあることがわかります。「ペレットを細かくくだいた後に飲み込む子」「細かくなくても飲み込める大きさにくだいたら飲み込む子」「飲み込めるなら大きめでも丸飲みする子」などです。食べてすぐに水を飲んだり、ゆっくり食べているなら問題はないのですが、中には水を摂らずにペレットだけを急いで飲み込むインコもいます。

急ピッチで次々とペレットを飲み込むと、ペレットが食道に詰まりやすくなります。ペレットの詰まりを感じると、インコは体をうねらせたり、吐きそうにえずいたり、ときには実際に吐き出したりします。なお、食事制限中はこうした食べ方をしやすくなります。

食道に詰まりやすい食べ方を続けていると、食べた物が気管に詰まる恐れがあります。急いでペレットを丸飲みする子には、細かくくだいたペレットをあげたり、丸飲みできない大粒のペレットをかじらせたり、1回の量を減らしごはんの回数を増やすなどがおすすめです。食事のとき以外でえずいていたら病気の可能性もあるので、動物病院で診てもらいましょう。

ペレットへの切り替え方

今までシード食だった子は、ペレットをなかなか食べようとしないことが多いです。ペレットに切り替えるときには、時間をかけて気長に取り組みましょう。代表的なペレットへの切り替え方を、以下でご紹介します。切り替え中は体重や排泄物の状態を小まめにチェックして、体調を確認しながら取り組みましょう。

①

ペレットとシードは別々の入れ物に入れ、ペレットを少量（１割くらい）、シードを９割くらいであげる。

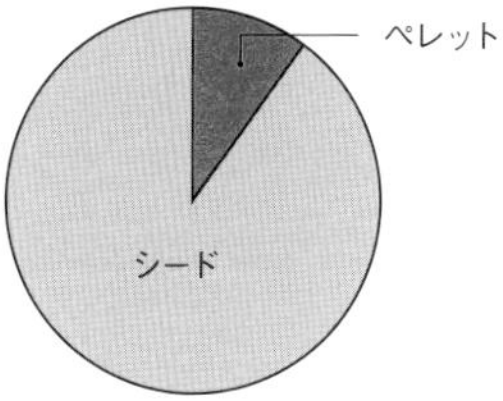

②

ペレットを食べているようなら、ペレットの量を増やし少しずつシードの量を減らしていく。

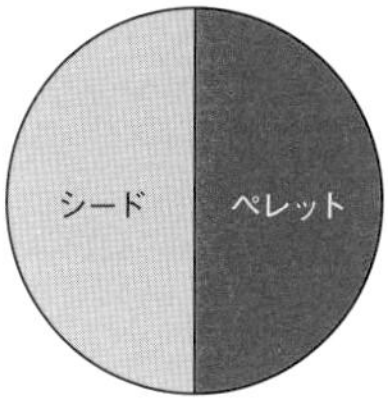

③

ペレットの量をどんどん増やしていく。②でペレットを確実に食べていたら、同じごはん入れにしてもＯＫ。

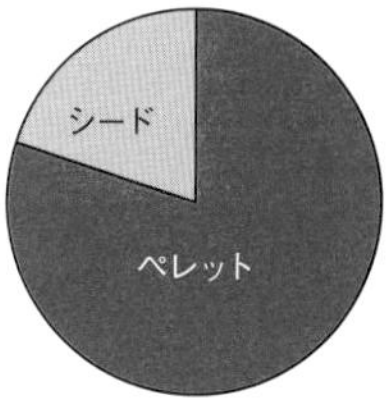

ペレットをくだくための便利アイテム

ミル

コーヒー豆用のミルやふりかけを作るためのミルを使えば、楽にペレットを細かくくだけます。ただしコーヒーの粉や人間用の食材などが混じらないよう、インコ専用にしましょう。

すり鉢とすりこぎ

ミルよりも多少時間はかかりますが、すり鉢とすりこぎもペレットをくだくときに便利です。細かくなりすぎないように気をつけて、すり鉢に入れて少しずつくだきましょう。

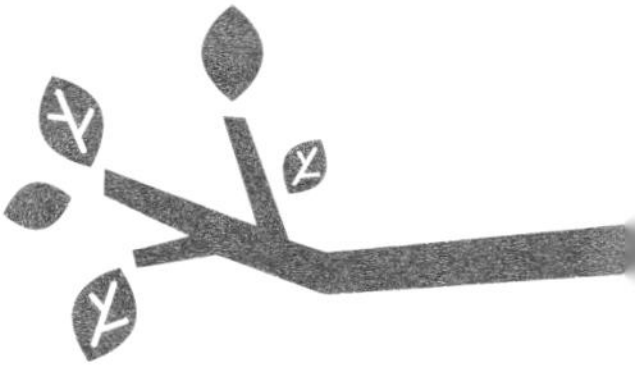

もうひとつの主食、シード類

シード類も一般的な主食です。シード類は自然界でインコが食べてきたものに近いため、インコもスムーズに食べてくれます。そのためペレットを主食として、シードをおやつにあげる人もいます。

シード類を主食にすると、シードごとに含まれている栄養分が異なるため、栄養が偏りやすくなります。シード食にする場合は、栄養バランスがとれるように複数のシードを混ぜてあげるか、市販の混合タイプを選びましょう。また、サプリメントをあげて足りない栄養分を補いましょう。

シードを混ぜてあげていると、好きなシードばかりを拾って食べるようになることがあります。特にエンバクやカナリーシードなど嗜好性が高いものを好むインコは多いので、ごはんを交換するときにまんべんなく食べているか確認しましょう。食べるシードが偏りやすければ、好きなシードの量を減らしてほかのシードを食べるように促しましょう。

シードには「殻むきタイプ」と「殻つきタイプ」があります。すでに殻がむいてあるタイプは栄養価が下がりやすいので、健康な成鳥には殻つきを選びましょう。

シードを主食にするときのポイント

サプリや野菜などを毎日プラス

シード類を主食にすると、ビタミン、ミネラルなどの栄養素が不足します。緑黄色野菜やサプリメント、カルシウム飼料なども毎日あげて補いましょう(副食については→p.70)。

シード食で不足しやすい栄養素	
たんぱく質(アミノ酸)	リジン、メチオニン
ビタミン	ビタミンA、B、B12、C、D、E、K、パントテン酸など、ほとんどのビタミン
ミネラル	カルシウム、ナトリウム、鉄、銅、亜鉛、マンガン、ヨウ素など、ほとんどのミネラル

食べ残しがないか毎日確認を

混合シードをあげていても、全部のシードを食べなくては栄養バランスはとれません。特にインコはたんぱく質や脂質が高いカナリーシードなどを好むことが多く、ほかのシードは残しがちです。毎日食べ残してしまうときには、食べたがる種類は減らしてあげるといいでしょう。

シードが減ってもつぎ足さないで

ごはん入れの中にシードが残っていてもシードはつぎ足さず、毎回新しいシードを入れ替えましょう。次々にシードをつぎ足すと、インコは好みのシードだけを食べてしまい、栄養が偏ることになってしまいます。

殻むきは保存に注意

殻むきタイプは傷みやすいため、密閉容器に入れて冷蔵庫などで保管します。混合シードの中には殻むきと殻つきシードが混ざっているものもあるため保存に気をつけましょう。

【 シードの種類 】

基本のシード

●アワ

低カロリーで低脂肪。ビタミン B1 やナイアシン、パントテン酸も含みます。おやつやトレーニングでアワ穂としてあげることも。

●ヒエ

低カロリーで低脂肪。混合シードに多めに含まれています。多めにあげても大丈夫です。

●キビ

低カロリーで低脂肪。殻が硬く消化しづらいため、「キビ詰まり」を起こすことも。胃腸が弱い子には控えて。

●カナリーシード

たんぱく質が多めで、アワ、ヒエ、キビと比べると脂質もやや多め。喜んで食べるインコが多いので、こればかり食べていないかチェック。

混合シード

小鳥用の混合シードは上の 4 種のシードを含んだものが一般的。シードのほかにハーブをミックスしたものや乳酸菌やボレー粉（p.71）を加えたものなどもあります。

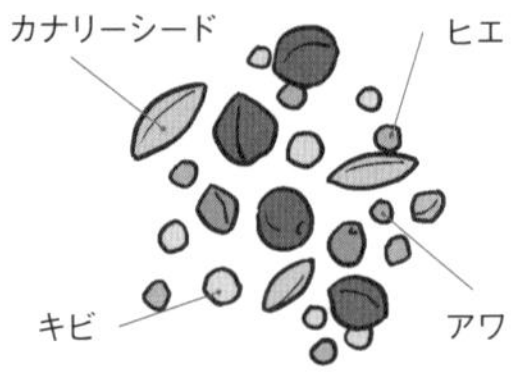

その他&おやつ向きのシード

●エンバク

たんぱく質もやや多めでカルシウムが豊富。柔らかく消化しやすいので、胃腸が弱ったときの主食におすすめ。

●ソバの実

たんぱく質とカルシウムが豊富で、おやつに○。柔らかいので胃腸を悪くしたとき消化しやすいです。

●アマニシード

おやつ向き。必須脂肪酸で体にいいαリノレン酸を含みますが、脂質が高めなので食べさせすぎないこと。

●ヒマワリ、麻の実

脂質が多く、高たんぱく、高カロリーなので食べすぎれば肥満になります。ごくたまにあげるおやつにとどめましょう。

【 シード選びのポイント 】

殻つきを選ぼう

殻がむいてあるシードは傷みやすく栄養価も下がってしまいます。健康な成鳥なら殻つきシードを選ぶようにしましょう。殻つきシードの殻をむきながら食べることは、インコにとって楽しい食事です。殻むきシードは、幼鳥やくちばしに異常があって殻がむけないインコにあげるとよいでしょう。

バランスを考えよう

混合シードは、ヒエ、アワ、キビがメインで入っていて、カナリーシードが少なめの配合になっています。これで1日に必要なたんぱく質10%と、脂質4%がだいたいとれる計算になります。食べるシードに偏りがあったり、体調などに合わせて、足りない栄養を補ったりカロリーを調整したりしたいときには個別シードをブレンドしてみましょう。

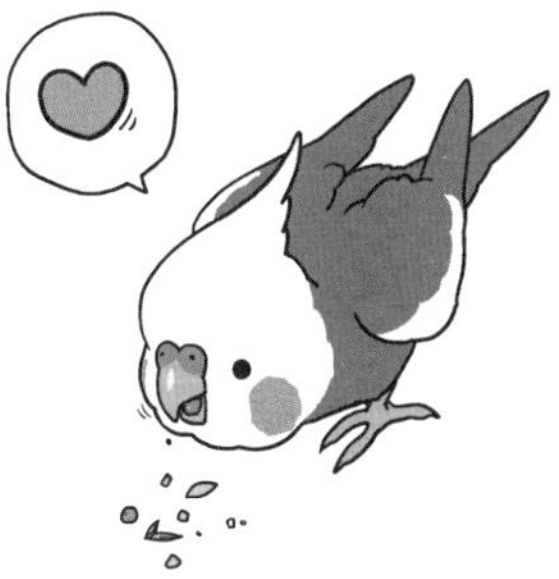

サプリが添加されているシードもありますが、殻をむいて食べる場合栄養素の補給にならないことも。サプリは別であげたほうがよいでしょう。

シード別栄養素一覧表

	エネルギー(kcal)	水分(g)	たんぱく質(g)	脂質(g)	炭水化物(g)	灰分(g)
アワ	346	13.3	11.2	4.4	69.6	1.4
ヒエ	361	12.9	9.4	3.3	73.	1.3
キビ	353	13.8	11.3	3.3	70.9	0.7
エンバク	350	10.0	13.7	5.7	69.1	1.5
ソバ	339	13.5	12.0	3.1	69.6	1.8
カナリーシード	—	—	23.7	7.9	55.8	2.3

※可食部100g当たりの栄養素を表示。
※カナリーシード以外は「日本食品標準成分表2020年版（八訂）」より引用。
※カナリーシードのみカナダ政府イノベーション・科学経済開発省ウェブサイト「Microstructure and nutrient composition of hairless canary seed and its potential as a blending flour for food use」より引用。

副食とおやつで楽しく栄養補給

副食は、主食で足りない栄養素を補給するために与えます。シードを主食にしていると、ビタミンやミネラルが不足します。サプリメントや野菜を主食にプラスして、ビタミン・ミネラルを補いましょう。またカルシウムも不足しているので、カトルボーンやボレー粉などのカルシウム飼料も必要です。

ペレットが主食の場合は、必要な栄養素がバランスよくとれていると考えられますが、食べる喜びを広げるために野菜などをあげるようにしましょう。ペレット食のインコに、ビタミン剤やカルシウム飼料は不要です。

おやつはコミュニケーションの手段やトレーニングのごほうびなど、「特別な食べ物」として普段の生活に取り入れると、インコの楽しみを増やすことにつながります。ケージに戻りたがらない子が戻ったときや、爪切りが終わった後など、ほめたいタイミングであげるのがおすすめです。主食がペレットなら、シードが特別なおやつになります。

おやつを食べすぎると肥満になったり、栄養過多によって病気になったりすることがあります。おやつは、食事量を調節し、カロリーに気をつけながらあげるようにしましょう。

【副食としてあげる食べ物】

緑黄色野菜

インコが食べてもいい野菜を選びましょう。適量は、セキセイインコで1日葉っぱ1枚程度です。

※甲状腺腫になりやすいインコは、キャベツやブロッコリーなどのアブラナ科の野菜は避けたほうがいいでしょう。

[おすすめの野菜]

- チンゲンサイ
- ニンジン
- 小松菜
- 水菜
- パプリカ

など

ビタミン剤

シード食のインコに、ビタミン・ミネラルを補うために与えます。水に溶かして与える場合は、水を飲みすぎて過剰症にならないよう、飲水量に合わせて希釈しましょう。

インコに必要ないろいろなビタミンが配合された鳥専用のものを選んで。乳酸菌配合のものなどもあります。

カルシウム飼料

シード食のインコはカルシウムを摂取させる必要があります。ペレット食のインコには不要ですが、産卵期のインコには毎日食べさせたいです。

※塩土は胃腸障害を起こしやすいので避けましょう。

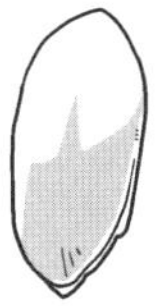

カトルボーン
イカの甲を乾燥させたもの。

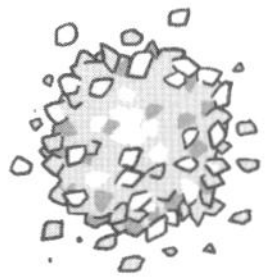

ボレー粉
カキの殻を焼いて砕いたもの。

おやつは特別な楽しみに

インコはおやつを喜びますが、あげすぎると栄養過多や肥満の原因になります。おやつは「特別なときにもらえる食べ物」にして、あまり量はあげないようにしましょう。ペレット食のインコにはシードがおやつになりますし、野菜の中で好きなものをおやつとしてもよいでしょう。トレーニングなどで利用するときにはシードをひと粒ずつくらいでOK。

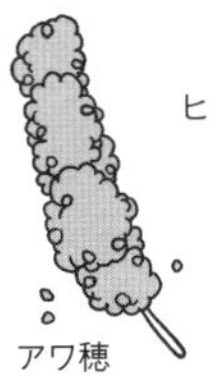

アワ穂

ヒマワリの種

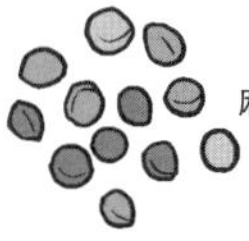

麻の実

アワ穂はむしって食べる楽しみがあります。カロリーが高いヒマワリの種などはごく少なめに。

好き嫌いを知り食を広げよう

飼育されているインコに、食の好き嫌いがあるのは珍しくないことです。とはいえ特定のシードが好きで混合シードの中でもより好みしがちなインコは、栄養が偏る心配があります。ペレットが食べられるとその心配が少なくなるほか、万が一病気をして療法食に切り替えるときにも助かります。それでも、挿し餌から切り替わるころからシードになじんでいると、ペレットはなかなか食べてくれないかもしれません。そもそもペレットを食べ物だと認識していない可能性もあります。そんなときは食べてほしいペレットや野菜にシードなど好物をまぶす方法を試してみてください。ペレットや青菜などいろいろ食べられるのが理想ですが、工夫しながら気長に食の世界を広げてあげられるといいですね。

普段からインコが何を食べて何を残すのかチェックして食の好みを知っておけば、好き嫌い克服のほかに、食欲が落ちているときやトレーニングのときなどに活用することもできます。なお、新しい食材を与え始めた時期は、インコが体調を崩さないように体重を小まめに確認し、変化があれば獣医師に相談するようにしてください。

食べる楽しみを育む工夫

インコに選ばせる

インコの食べ物の好みは繊細です。味だけでなく形や大きさ、舌触りなどで好き嫌いが決まります。ペレットをあげたとしても、喜んで食べるものもあれば、食べようとしないものもあります。今あげているペレットの食べっぷりがよくない場合は、ほかにも何種類かを用意して与えてみてインコに選ばせてみましょう。今までのペレットよりもよく食べるものが見つかるかもしれません。

あえて嫌いな物を入れておく

インコは食べたことがない食材を敬遠することがあります。そういうインコが一度食べてみたら「悪くない」と気づいて、食べるようになることもあります。嫌いな物は遠ざけるのではなく、ときどき好物に混ぜてあげてみましょう。嫌いな物を避けながら食べることでフォレイジング（→ p.152）にもなります。また、ほかのインコが食べて見せびらかすと、「自分も食べてみよう」と口にしてくれることも。

五感で楽しむ

ペレットを食べさせるのに、ひと粒ごとに色や形、味が異なるものをあげてみるのもいいでしょう。その中で好みの色があったり、くちばしや舌などで触感を楽しんだり形を感じ取ったり、五感への刺激となり楽しみながら味わえるかもしれません。変化を好むインコであれば、野菜の切り方を変えたりするのも刺激となります。ただし、色つきペレットや野菜によっては排泄物に色がつくことがあります。

体重と食べた量をチェックしよう

人間は体重が簡単に増減するため軽く考えてしまうかもしれませんが、体重が数十gのインコだと、たった数gの増減でも大きな影響が出ます。

インコの肥満はいろいろな病気の元となります。突然死の原因のひとつである動脈硬化は脂質異常症（高脂血症）が大きくかかわっていて、これも肥満や高脂肪食から引き起こされます。インコを死に近づける肥満を防ぐには、適性な体重を維持しなければなりません。

インコが必要とする食事量は体重の一割ほどといわれてきましたが、あまり飛ぶ必要がない家庭内のインコだと摂りすぎている場合もあります。適正な量は個々の代謝によって異なり、たとえば体重100gで1日に5gの食事量で足りるインコが、6〜10g食べていればあっという間に太ります。目分量ではg単位での調整はできないため、あげる量は必ず測って、食べた量まで把握しましょう。

毎日決まった量の食事を測ってあげていても、季節や代謝などの変化によって体重の増減はあります。その都度食事量は調整し、適量をあげるようにしましょう。体重がうまく安定しない場合は獣医師に相談しましょう。

体重の測り方

1g単位でデジタル表示されるキッチンスケールを用意しましょう。先にプラケースを乗せて、目盛りを「0g」にしておきます。インコをプラケースの中に入れたら、再びキッチンスケールの上に乗せて測ります。

POINT 1

プラケースなどに慣らしておく

見慣れないものは怖がるので、プラケースやスケールなどがあるところでおやつをあげるなどして慣らしておきましょう。p.133 の止まり木に止まる練習ができている子は、止まり木を利用しても OK です。

POINT 2

朝イチで測る

食べたり動いたりすれば体重は増減するので、毎日決まったタイミングで測る必要があります。できれば、朝、ごはんをあげる前に体重を測ることを日課にしましょう。

【 毎日の変化を記録しておこう 】

	月/日	月/日	月/日
体重			
食事量			
飲水量			
気づいたこと			

体重の増減からインコの体調の変化に気づくこともできます。また、健康なときのデータは診療の助けにもなります。体重だけではなく、次のようなことも記録しておくとよいでしょう。

食事量

シードの場合はシードの殻を取り除いてから、「あげた量引く食べ残した量」を記録。

気づいたこと

換羽の時期かどうか、メスの場合は座り込みや発情、産卵、オスの場合は吐き戻しやおしりのすりつけなど、気づいたことを書き込みます。

飲水量

飲む量が増えたり排泄物が水っぽいときなどに「あげた量引く残した量」を記録。

毎日の放鳥で楽しく健康に

ケージの外で自由に遊べる放鳥タイムは、インコに楽しく過ごしてもらうことだけが目的ではありません。ケージの中で1日の大半を過ごすインコは運動不足になりがちです。放鳥することで、自由に飛び回ったり歩いたりと、運動して肥満を防ぐことができます。インコが十分体を動かせるように、ロープを張って止まるところを作ったり室内に遊び場を用意したりしてあげましょう。

また、放鳥タイムは飼い主さんとのコミュニケーションのひと時にもなります。飼い主さんの手や肩に乗ってスキンシップをとったり、いっしょに遊んだりして絆を深めましょう。ひとり遊びをしているときに「楽しいね！」などと声をかけてもらうのもインコにとっては嬉しいことです。

インコがそばにいるのに、飼い主さんがテレビやスマホを眺めてばかりいると、インコは寂しくなってしまいます。だらだらと長時間放鳥するのではなく、飼い主さんに余裕のある時間帯で毎日30分~1時間ほど放鳥して、インコと向き合いたくさん遊びましょう。インコといっしょに楽しく過ごすことで、体調の異変にも気づきやすくなります。

放鳥タイムの目的と過ごし方

① インコの毎日の楽しみになる

インコにとって放鳥タイムは1日の中でも楽しいひと時。翼をいっぱいに広げて飛んだり自由に動き回ったりして遊びます。

② たくさん遊んで運動できる

ケージの中にいると運動量が限られてしまいます。放鳥してもらって飛んだり動き回ったりするといい運動になります。

③ 飼い主さんとの絆が深まる

毎日の放鳥中に飼い主さんといっしょに遊んだり声をかけてもらったりすることで、今まで以上に仲よくなることができます。

【放鳥中の過ごし方】

いっしょに遊ぶ

耳や首、喉などを優しくカキカキしてあげたり、いっしょにつな引きをしたりとたっぷり遊びましょう。遊びながらテレビやスマホを見るのはやめましょう。

ひとりで遊ぶ

飼い主さんと遊ぶのと同じくらい大切なのがひとり遊びです。部屋の中にインコが好むおもちゃや止まり木などで遊び場を作ってあげましょう。ただし、おもちゃを渡しただけでは遊ばないので、ステップを踏む必要があります（→ p.146 ～）。

放鳥前に必ず安全チェックを

インコを放鳥する前は毎回必ず室内の安全チェックをしましょう。特に、屋外に出ていかないように、ドアや窓はすき間なくしっかりと閉めておきます。万が一インコが屋外に逃げてしまうと見つけるのはとても難しく、そのまま戻ってこなかったり命を落としたりすることがあるからです。屋外にはインコを狙うノラネコやカラスなどもいれば、気温や天候が過酷な日もあります。インコの命を守るためにも、必ず脱走防止を心がけましょう。

　また、インコは危ないものや食べてはいけないものを見分けることができません。インコがケガをしそうな鋭利なものや熱いもの、観葉植物や錠剤など食べると有害なものなどが部屋の中にないか確認することも忘れずに。危険なものはインコが触れない場所に収納するか、観葉植物などの大きなものなら他の部屋に移動しておきます。

　また、空気中の有害物質もインコにとっては命の危険につながります。鳥は空を飛ぶのに大量の酸素を必要とし、そのために呼吸器が哺乳類の何倍も効率よくつくられているからです。フライパンから発生するガスやタバコの煙などの有害物質にも気をつけましょう。

部屋の安全チェック

✖食べると有害な
観葉植物
（ポインセチア、
クリスマスローズ、
スズラン、キョウ
チクトウなど）
✖家具のすき間や
開いたままのドア
✖フタのない
水槽、鍋
✖鉛製のカーテン
ウェイトやカーテ
ンのほつれ
✖輪ゴムやクリップ、ヘアピンなど
の小物やアクセサリー類
✖熱い鍋ややかん、
アイロン、暖房器具
✖タバコ
✖錠剤・粉薬
✖炊飯器や
電気ポットの湯気

空気中の有害物質

人間や他の動物は平気でも、インコにとっては中毒症状の原因となるものがあります。ケージを置く場所はもちろん、放鳥中にこうした物質が漂っている空間には近づかせないように注意しましょう。

✖フッ素樹脂加工された製品から発生するガス（テフロン加工のフライパンの空焚きや、高温のアイロンなどから発生）
✖タバコの煙(ニコチン、タール、一酸化炭素など)
✖次亜塩素酸ナトリウム
✖アスファルト類（道路工事などで加熱されて発生するガスの報告例がある）
✖マニキュアや除光液　など

放鳥中はインコを見守って

放鳥する前に安全な環境を用意できたと思っていても、思わぬ事故やトラブルが起こる可能性はあります。たとえばものが落下する、有害物質をかじるなどの事態が起こることもあるのです。放鳥中にインコがひとり遊びをしているときも、インコから目を離さないようにしましょう。

高いところに飛んでいく意味

インコも人も、行動には必ず理由があります。インコが高いところに飛んでいくのにはどんな理由があるでしょう？　「高いところにいるほうがエライから」といわれることがありますが、インコの群れは上下関係がなく優位性と高さは関係ないと考えられます。また、優位性を理由にしてしまうと、「高いところにいくと威張って攻撃的になるから」と懲罰系のかかわり方に考えがいってしまう危険があります。野生では、高いところは地上にいる敵から身を守れるという利点があります。家庭であれば、高いところにいると人間の動きがよく見えるとか、人間に捕まらないですむといった理由があるかもしれません。理由を見極めるには、高いところに飛んでいったインコがそこで何をしているかを観察することです。そして、高いところにいるのが楽しいからであれば、そこで起こることが低い場所でも起こるようにすればいいのです。人間から逃げるために飛んでいったのであれば、無理に捕まえることをやめて、インコのほうから近くに来てくれる方法を考えましょう。理由によって対応が異なるため、飛んでいく理由を正しく見極める必要があります。

高いところにいる理由は？

高いところにいる理由	対策
遊んでいる 本棚の上から本をかじって遊んだり、人の動きを興味深く見ていたり、高いところにいると楽しいことがある場合。 	**低いところでも楽しめるようにする** 本をかじるのが好きな子は紙などのかじれる素材のおもちゃを与えてあげると下やケージの中でも遊んでくれるかもしれません。人に興味津々な子は、好奇心旺盛なのでトレーニングなどをすると楽しく過ごせる可能性があります。
構ってもらえる 飼い主さんに構ってもらうのが好きなインコの場合、「ピーちゃん！　下りてきて！」などと注意する言葉や視線をもらえることが「ごほうび」になっていることも。 	**低いところでも構ってあげる** 低いところにいるときに、より遊んだりコミュニケーションをとってあげたりすると、高いところにいかず近くにいてくれるようになるかもしれません。
避難している 人や手が近づくと飛んで逃げていくのは、人や人の手が怖いせいかもしれません。一度手乗りになっても、無理やり捕まえられるなどして、手にネガティブなイメージをもつことも。 	**人や手を怖くないものと教える** ケージに戻ってもらうためしかたなくしていたとしても、手で無理やり捕まえるのはやめましょう。まずは人や人の手を信じてもらう必要があります（→ p.122）。手を怖がっている場合は、手に慣らすまでは時間がかかります。

日光浴で健康づくり

日光浴をすると、インコの体内ではビタミンD3が生成されます。ビタミンD3はカルシウムの吸収に必要な栄養素で、不足するとカルシウム欠乏症などの病気にかかりやすくなります。ビタミンD3はペレットやビタミン剤から摂取できますが、ときどき1日15分ほど日光浴をさせてあげるのもおすすめです。

なお、窓ガラス越しに日光を浴びてもビタミンD3は生成されません。室内で窓は開けて網戸ごしに日光浴を行うようにしましょう。屋外はカラスや猫などが近づいてきたり、冬は野鳥から鳥インフルエンザに感染する心配があります。

自然界のインコは、太陽の光をたっぷりと浴びて暮らしています。そのため、日光浴が好きなインコが多く、気分転換にもなります。さらに日光浴は自律神経やホルモンバランスにもいい影響を期待できます。そのほかにも代謝が活発になるなど、健康維持に効果的です。

昼間は不在にしていて日光浴をさせられないなどというときは、日光浴の代わりに鳥用のUVライトをタイマーとセットで使うのもおすすめです。

日光浴のしかた

ガラス戸は開ける

ガラス越しだとビタミンD3の合成に必要な紫外線がカットされてしまうので、ガラス戸は開け、外から他の動物が侵入しないように網戸にしておきましょう。

日陰をつくる

暑くなったらインコが避難できるように、ケージの一角に段ボールや新聞紙などをのせて一部に日陰をつくりましょう。

天候や体調のよい日に行う

直射日光が強すぎる日や風が冷たい日、体調がすぐれないときなどは無理に日光浴をしなくてもいいでしょう。

日光浴のメリット

- カルシウムの吸収に必要なビタミンD3を生成できる
- 代謝が活発になる
- 自律神経が整う
- ホルモンバランスが整う
- 気分転換になる

column

日光浴ができない場合はUVライトという手も

暑さや寒さが厳しい、昼間は留守が多いなどの理由で日光浴ができない場合は、鳥や小動物用のUVライトを使うといいでしょう。紫外線を浴びることでビタミンD3を生成できます。生活リズムに影響しないように、タイマーを使い、日が暮れるころにはUVライトが自動で消えるようにします。

水浴びは楽しく安全に

水浴びはインコにとって、楽しい遊びのひとつです。運動不足の解消やストレス発散にも最適です。ただし、インコは水浴びが好きだといわれていますが、中にはまったくやらない子もいます。また、絶対にやる子とたまにならやる子など、水浴びしたい頻度も品種や個体差によってまちまちです。水浴びをしなくても健康上は問題がないので、水浴びをしたがらないのなら無理にさせることはありません。

　水浴びを好むインコには、左ページのやり方に沿って安全に水浴びができるように準備してあげましょう。水浴び容器は深すぎるとインコが出られなくなって溺れることがあるので、目を離さないことが大前提ですが、フタがない浅めの容器を使います。お湯を使うと羽の脂肪分がなくなってしまうので、常温の水を使いましょう。

　なお水浴びが好きな子でも、体調が悪いときや薬の飲水投与中は水浴びはさせないようにしましょう。足腰が弱っている子は、獣医師に相談してみましょう。また、換羽期は体力が落ちやすいので水浴びをさせないほうがよいでしょう。

水浴びのやり方

POINT 1

フタのない浅い容器を使う

水浴びのときに容器から出られなくなることが。市販のバードバスや水浴び容器にはさまざまなものがありますが、容器の中から出やすい浅い容器を使うようにしましょう。大きさは体が入る一回り大きめサイズのものでOK。複数羽がいっしょに入るなら洗面器など大きめのものを利用してもよいでしょう。

POINT 2

常温の水でOK！　お湯は×

インコの羽の表面は、防水・保温のため、尾脂腺から分泌される脂で覆われています。お湯で水浴びすると、この皮脂が溶け出し、羽がボサボサになるだけでなく防水・保温効果も落ちてしまいます。またお湯が熱すぎるとやけどの原因に。常温の水を使いましょう。

水浴びのメリット

- 羽の汚れを落としてコンディションを保つ
- ストレスの発散になる
- 体温を下げる

column

水浴びに慣れてもらうには

水浴びは好きでも、水浴び用の容器を怖がって近づかない場合があります。最初は水を入れずに、おやつを使って容器に慣らすところからスタートするとよいでしょう。水浴びに慣らすのに霧吹きで水を吹きつけるのは、びっくりして嫌がるインコもいるのでやめておいたほうがよさそう。水に慣れて喜ぶ子だったら、霧吹きでの水浴びは○です。

お留守番のコツ

飼い主さんに事情があり、家を長時間留守にする場合、健康なインコであれば1泊までならお留守番は可能です。ただし、留守番をさせる際はしっかりとした準備が必要です。十分な量のごはんや水を用意し、適度な温度・湿度に調節してあげましょう。なお、2泊以上になる場合は、ペットホテルに頼むか、友人やペットシッターに毎日1回以上インコのお世話をしに来てもらうようにします。

ヒナや体調が悪いインコは、1泊であってもひとりで留守番はさせずに、信頼できるペットホテルか動物病院に預けてください。ペットホテルは、かかりつけの動物病院併設のところなどが理想です。

ペットホテルや動物病院にお泊まりするのはインコにとってストレスの多い体験です。自宅でお留守番をして飼い主さんの友人やペットシッターにお世話をしてもらっても、飼い主さんがいないというだけで食欲をなくしてしまうインコもいます。できれば事前にお預かりを体験してみたり、飼い主さんのいるときに友人やペットシッターにお世話をしてもらうようにしましょう。帰宅したら、数日は体調などを特に気にして見てください。

留守番をさせるなら

お留守番は1泊2日まで

健康であれば1泊まではお留守番が可能。2泊以上はお世話を友人やペットシッターに頼むか、ペットホテルや動物病院に預けましょう。

フン切り網は外して

ごはんが全部こぼれてしまっても飢えずに拾って食べられるように、留守中はフン切り網を外します。パニックになりやすい子はおもちゃも外しておきます。

エアコンで温度・湿度調整を

留守中も温度・湿度を適切に調整できるように、エアコンはつけっぱなしで出かけましょう。ラジオや音楽を小さくかけて、留守中も人の声が聞こえるようにするのも○。

ごはんと水は多めに設置

ごはんと水はいつもよりも多めに用意しておきましょう。ごはん入れを増やしておくと、こぼして食べ損なう心配がありません。

カバーはかけないで

真っ暗になるとパニックを起こしやすいので、カバーは外しておきましょう。ダウンライトなど小さめの灯りをつけたままで。

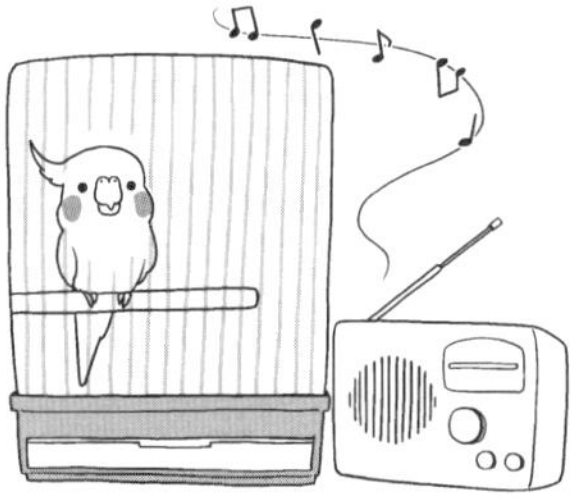

お留守番ができるインコとは

☑ ヒナ、病鳥ではない　☑ 体調に問題なく健康　☑ お留守番経験あり

（お泊まりなしで長時間留守番する練習をしましょう。）

ペットホテルや動物病院にお泊まりするときは

ヒナや体調の優れないインコは動物病院にお泊まりするのがおすすめです。インコがパニックを起こさないよう、できれば鳥専門の施設を選びましょう。

ペットホテルはかかりつけの動物病院の併設店がベストです。預け先の環境や条件なども調べて選びましょう。

爪切りと保定のしかた

爪切りは、インコにケガをさせないように上手に保定して行うのが基本です。止まり木にいるときや、大型インコならケージに足をかけてもらって切る、あるいはやすりをかける方法もありますが、おとなしく足先のケアを受け入れてもらうには、そのためのトレーニングが必要です。

爪切りを嫌がって逃げるインコを無理に追い回していると、飼い主さんとの関係が悪くなりかねません。大前提として、手を怖がっているうちは、飼い主さんは爪切りや保定に挑戦しないほうがいいでしょう。また、飼い主さんがうまく爪切りができなかったり、インコが怖がってストレスになりそうなときも、無理せずかかりつけの動物病院にお任せしましょう。保定ができても、インコが嫌がっているときは、日を改めるようにします。一度に全部の爪を切ろうとせず、数日かけて数本ずつ切るのでも構いません。

無事に爪切りができたとしても、インコにとって爪切りは楽しいものではありません。がんばったごほうびに、たくさん褒めてあげたりおやつをあげたりして必ずよい経験で終わらせるようにしましょう。

保定と爪切りのポイント

「保定」とは、動物を治療するときに動かないようにおさえておくことです。インコが苦しくないように下のような方法で保定しましょう。

小型・中型インコの保定

手の中に包みこむ

① 人さし指と中指でインコの首を軽くはさみ、残りの指でインコの体をやさしく包みます。

② インコが落ち着くように、足を指に止まらせる形にします。

③ 胸の動きを妨げないように注意しながら、爪を切ります。

※胸は押さないようにしましょう。

大型インコの保定

タオルで包む

① ２人１組で、１人が保定し、もう１人が爪を切るようにします。

② タオルを体全体を包むようにかぶせて、左右からインコの体を軽くくるみます。

③ 呼吸をさまたげないように、きつくないが動けない程度に包んだら、爪切りをします。

※手をトンネルにしてくぐらせる遊びで手に慣らすと、保定が自然にできるようになります（→ p.161 参照）。タオル保定も、手にかぶせたタオルをトンネルにしてくぐらせてあげると自然な形で慣らすことができます。

爪の切り方

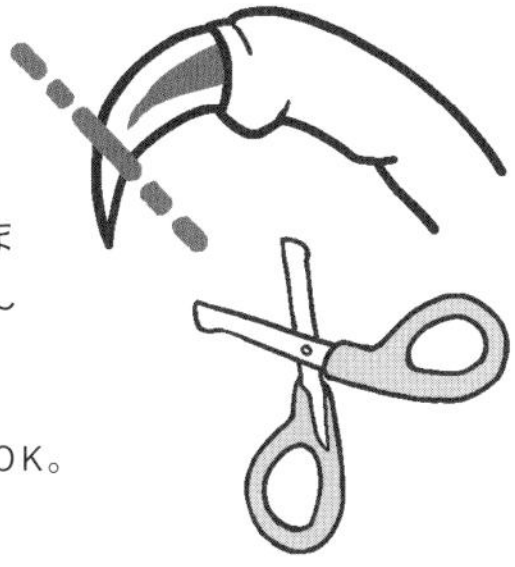

小動物用の爪切り、または工具用ニッパーを用意します。血管まで切らないように、爪の先端で血管の２～３ミリ外側を切ります。

※止血剤を必ず用意しておきましょう。止血剤は犬や猫用のものでＯＫ。

理想の生活リズムを心がけて

インコは昼行性で、野生下では日の出とともに目を覚まして活動を始め、夕方にはねぐらに帰り日没とともに眠りにつきます。そのため、人と暮らすインコも朝になったらケージカバーを外して明るい光を浴び、夜になったら再びカバーをかけて眠れるようにすることが大切です。時間にすると8～12時間は昼の光の下で過ごし、それ以外の時間はカバーをかけて暗くして休ませてあげるのが理想です。飼い主さんがこのリズムを意識しないと、インコは飼い主さんに合わせて夜更かしすることになります。その結果、体内時計が狂って自律神経が乱れ、病気にかかりやすくなります。また、昼が長いと発情を促してしまいます。

　インコの体を考えれば規則正しい生活を送らせることが大切ですが、飼い主さんの生活によっては難しい場合があるでしょう。発情抑制のために早めにカバーをかけて、飼い主さんと触れ合いの時間がとれないとなるとそれはそれでインコにとってもストレスです。ある程度触れ合ってから、ケージカバーをかけて夜間は静かな寝室にケージを移すといった工夫をしている飼い主さんもいます。

【インコと飼い主さんの生活・お世話の目安】

帰りが遅いときは

仕事などで帰りが遅くなる場合は、帰ってきてから必要なお世話や触れ合いの時間をとり、それからケージカバーをかけるようにしましょう。インコの健康のためには早寝が理想ですが、飼い主さんとの触れ合いの時間がないのもストレスです。ただし、夜更かしもさせすぎないこと。

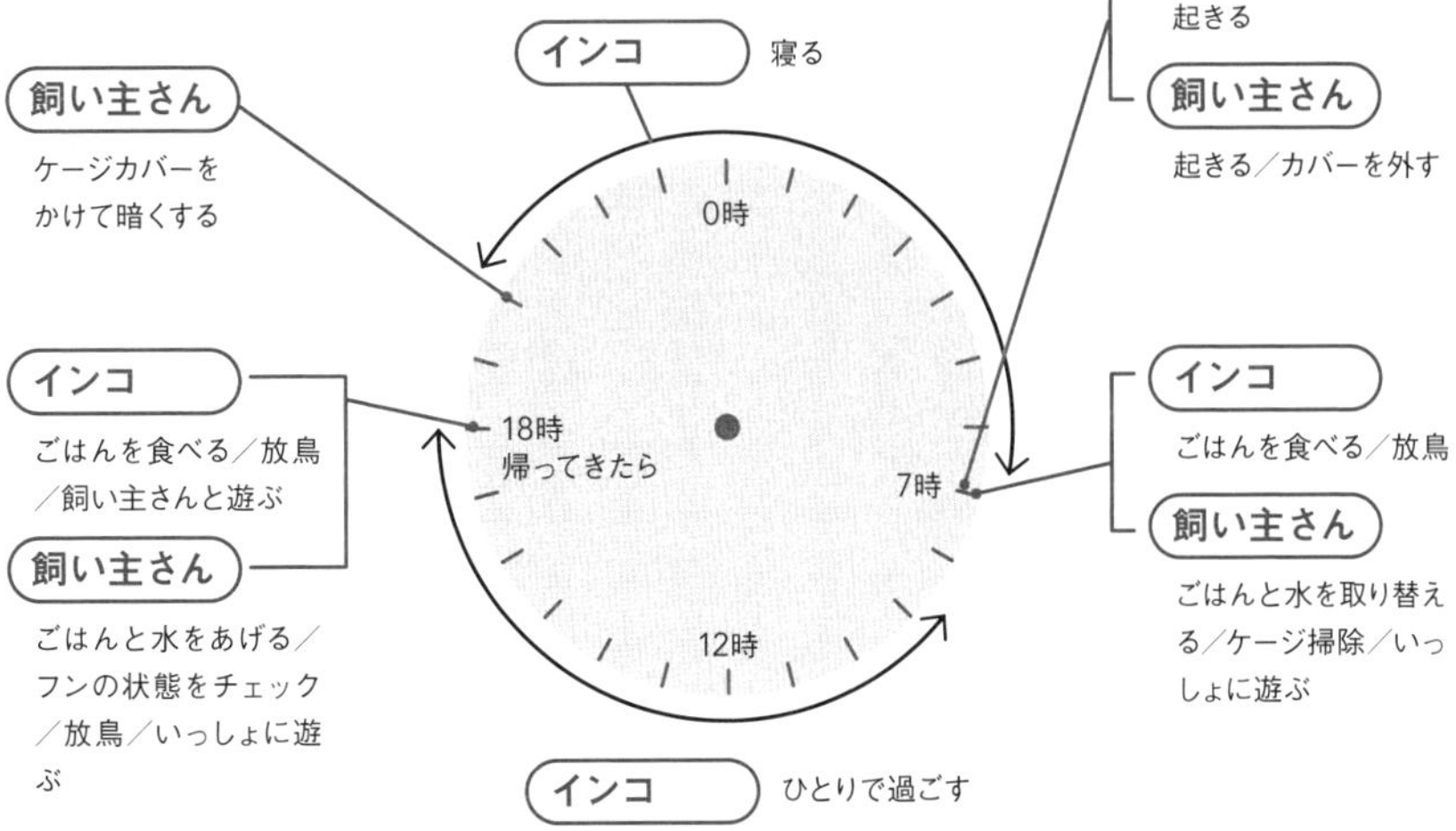

インコ
寝る
飼い主さん
ケージカバーを
かけて暗くする
インコ
起きる
飼い主さん
起きる／カバーを外す
0時
18時
帰ってきたら
7時
12時
インコ
ごはんを食べる／放鳥
／飼い主さんと遊ぶ
飼い主さん
ごはんと水をあげる／
フンの状態をチェック
／放鳥／いっしょに遊
ぶ
インコ
ごはんを食べる／放鳥
飼い主さん
ごはんと水を取り替え
る／ケージ掃除／いっ
しょに遊ぶ
インコ
ひとりで過ごす

column

インコの睡眠リズム

鳥も、脳を休ませるノンレム睡眠とレム睡眠とを交互にくり返します。人のレム睡眠は筋肉がゆるみますが、鳥のレム睡眠は筋肉は完全にゆるみません。脳波で測った一回の鳥のレム睡眠は人よりかなり短く 10 秒くらいだといわれています。眠りを測定する方法がたくさん開発されるとともに、人の眠りと鳥の眠りの違いがいろいろとわかってきました。

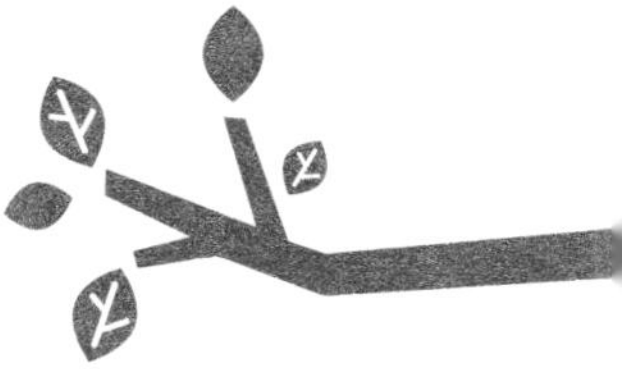

複数飼いの注意点

インコは群れで暮らす生き物なので一羽だとかわいそうに思えて、二羽目のお迎えを検討する飼い主さんもいます。確かに一羽で留守番をしているよりは、他の鳥がいてくれると安心感はあるでしょう。

ただし、飼い主さんをペアだと思っているインコの場合、新しいインコの出現は場合によってはストレスとなることも。一羽飼いでも飼い主さんの接し方次第で、寂しさを感じずに過ごすことはできます。

もちろん複数飼いにはメリットもあり、インコ同士仲よくしている姿は幸せな気分にさせてくれます。複数飼いを検討するのであれば、おすすめは同種のインコです。インコの種類によってコミュニケーション方法が異なるので、別種のインコよりは同種のほうが仲よくなれる可能性はあります。しかし、早くに親やきょうだいと離れて育ったインコは、コミュニケーションのしかたがわからず受け入れてもらえない場合もあります。

また、複数飼い成功のカギは、先にいるインコが後から来るインコを受け入れられるか否かにかかっています。新しいインコをお迎えするときは、次の点に気をつけましょう。

二羽目をお迎えするとき

必ず健康診断を受ける

新しいインコを迎えたら、必ず感染症などにかかっていないかなど動物病院で診てもらいましょう。健康状態がはっきりするまで最低１か月くらいは、先住のインコと会わせず別の部屋で飼うようにします。

はじめは先住のインコを優先する

最初は、放鳥やごはんなどの順番は先住のインコを優先するようにします。後から来たインコを優先すると、先にいたインコは後回しにされたと不満に思うことがあるからです。ただし、放鳥の順番をきっちり守って先住のインコが帰りたくないのにケージに戻された後で新入りさんの放鳥をすると、新しいインコに対する印象が悪くなることも。この場合は、先に帰るインコのケージに特別なおやつを入れておいてあげるなど、配慮します。ゆくゆくは順番もランダムにしていくようにするとよいでしょう。

ケージを分ける

相性がよくて番《つがい》にするつもりがなければ、ケージは分けて飼うようにします。対面させるときもお互いケージに入ったままで会わせましょう。放鳥も時間をずらして別々に行い、慣れてきていっしょに出して大丈夫になっても目は離さないようにします。

POINT

新しいインコがいるとよいことがあるようにする

先住のインコに新しいインコを受け入れてもらうには、新しいインコがいる場でよい経験をさせてあげることです。新しいインコがいるところで特別なおやつをあげると、よい経験と新しいインコの印象が結びつきます。

健康診断に行こう

毎日体重を測って排泄物の様子など家庭での健康観察を怠らないようにしても、隠れた病気までは発見することができません。元気そうに見えても、内臓疾患や感染症などにかかっていることはよくあります。なるべく年に2〜3回は、鳥に詳しい動物病院で健康診断を受けるようにしましょう。病気に早めに気がつくことができれば、早めの治療が可能です。検査項目はいろいろあります。鳥種や年齢によって行いたい検査も異なるため、獣医師と相談のうえどんな検査を受けるか決めるようにしましょう。

病院へ行くときは

移動専用のキャリーかプラケースで連れていきます。水はこぼれて体にかかると冷えてしまいますし、糞の状態が調べられなくなるので入れないようにします。健康診断は春や秋などに連れていくのがベストですが、日によっては暑かったり寒かったりするため温度対策も忘れずするようにしましょう。

●寒いときはカイロや保温グッズ
●野菜で水分補給
●いつものごはん（病院で成分を
見てもらえるように成分表を
写真に撮って持っていく）

必要な検査項目

【 毎回受けたい検査 】

身体検査

直接体を触って異常がないかをチェックしていきます。また、聴診器で心音や呼吸音に異常がないか確認します。

check

目、鼻、耳、口腔内の異常／体の腫れ／羽や骨などの異常／肥満度／心臓や肺の異常　など

そ嚢液検査

口から検査器具を差し込み、生理食塩水を注入してそ嚢液を採取し、顕微鏡で病原性の微生物などがいないかチェックします。

check

そ嚢にいる細菌叢の異常／真菌（カビ）、寄生虫（トリコモナス）などの有無／炎症の有無　など

糞便検査

糞便を顕微鏡などで調べます。糞便の持参方法は病院の指示に従いましょう。

check

細菌叢の異常／真菌（カビ）、ジアルジアなどの有無／炎症の有無／消化状態の確認　など

【 オプションで受けたい検査 】

X線検査（レントゲン検査）

X線写真を撮影し、骨や内臓の大きさや形をチェックします。4～5歳以上になったら年に1回は受けるようにしましょう。

check

骨の異常／内臓（心臓、肺、気嚢、甲状腺、胃、肝臓、腎臓、生殖器）の状態　など

血液検査

血液を採取して、血球や内臓に異常がないかを調べます。4～5歳以上になったら年に1回は受けるようにしましょう。

check

肝臓・腎臓などの異常／血糖値、中性脂肪・コレステロールの測定／貧血・多血症　など

感染症検査

新しく若いインコをお迎えした場合、感染症にかかっている可能性もあります。血液や糞便からPBFD（p.96）やポリオーマウイルス感染症（BFD）、鳥クラミジア症などの検査をすることができます。

check

PBFD、鳥クラミジア　など各感染症の検出

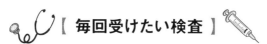

【インコがかかりやすい病気】

	病名	症状
ウイルス、細菌などの感染症	マクロラブダス症（メガバクテリア症）	マクロラブダスという真菌（カビ）によって起こる感染症で、嘔吐や下痢、黒い便などが見られる。特に幼鳥での感染が多い。
	PBFD（オウム類嘴羽毛病）	サーコウイルスによる感染症で、羽の変形や脱羽、くちばしの形成異常、免疫不全などを起こす。
	鳥クラミジア症（オウム病）	人獣共通感染症のひとつ。鼻炎や呼吸器症状、下痢、尿酸の色の変化などが見られる。唾液や鼻水、便から感染し、人ではインフルエンザに似た症状が出る。
	トリコモナス症	トリコモナスという寄生虫が口やそ嚢などに感染し、食道炎やそ嚢炎による食欲不振などが見られる。重症化して顔に膿ができることも。
	鳥ボルナウイルス感染症	鳥ボルナウイルスによって腺胃拡張症を引き起こし、消化器症状のほか神経症状(けいれん発作など）が現れる。
消化器	そ嚢内異物	インコが洋服の毛玉やじゅうたん、タオルなどを噛んで飲み込んでしまうと、毛玉がそ嚢に形成されることが。大きくなると手術で摘出する。
呼吸器	感染性肺炎	細菌やカビに感染して肺に炎症を引き起こす。声のかすれや開口呼吸、呼吸時に尾羽が動いていたら注意。
生殖器	卵塞（卵詰まり、卵秘）	卵ができていても産卵できない状態。過産卵や卵の形成異常が原因のほか、気温が低くなって産卵できないことも。発情傾向が見られたら卵ができていないかおなかを触って確認を。
	卵管脱、排泄腔（クロアカ）脱	おしりから卵管や排泄腔が反転して出てきてしまう。卵がうまく出ないことや卵管腫瘍やポリープなどが原因となる。
	腹壁ヘルニア	腹筋が裂けて、腸や卵管が皮下に脱出してしまった状態。過発情や過産卵が原因のひとつ。おなかがふくらんでいても元気に見えるが、悪化すると自力で排便できなくなることも。
循環器	心疾患	感染や腎臓、肝臓の疾患、加齢などによって心臓の機能が低下する病気の総称。くちばしの血色が悪くなり、呼吸音の異常や息切れなどが見られる。

こんな症状が見られたらすぐに病院へ

- うずくまっている
- 黒い便
- エメラルドグリーンの便
- 便が出ない
- 頻繁な吐き気
- 呼吸が荒い
- おしりから何かが出ている
- 発作
- ふらつき
- 脚の力が弱い
- くちばしの色が薄い
- くちばしの色が紫

4章

インコの心を満たす 遊び&トレーニング

「インコに楽しい時間を過ごさせたい」

「インコとの絆を深めたい」

そんなときは、是非遊びやトレーニングを取り入れましょう。
P.104 からのボディサインを知っているだけでも、
インコの心がわかりやすくなるはず。

トレーニングはなぜ必要？

動物は私たち人間がかかわるかかわらないに限らず常に学習しています。テーブルの上にあるおやつ入れを見つけたら飛んで食べに来る、寒くなったらヒーターのそばに行く、水入れがあれば水浴びをする。

たとえばテーブルの上にあったおやつ入れが、翌日からはタンスの上に置かれるようになれば、テーブルの上ではなくタンスの上に飛んで行くようになるでしょう。このように環境によって行動が変わる、つまり学習をしていくのです。

トレーニングとは、鳥が人と快適で安全に暮らせるようにするための学習の機会を作ることです。野生の鳥は病院に行きませんが、飼育下の鳥は病院に行きます。病院に行くためにプラケースに入り、電車に乗って、診察を受けて、投薬の必要もあるかもしれません。こうしたケアを受けるために必要な行動というのは、私たちが教える必要があります。

トレーニングでは、ストレスが少なく楽しみながら鳥が学習できるよう配慮した環境設定をします。人間と暮らす鳥、鳥と暮らす人間、双方にとって質の高い暮らしになることを目指します。

動物の暮らしをより豊かにするために

環境エンリッチメント

人間の飼育下にある動物には、野生では見られない異常行動が見られることがあります。インコであれば毛引きや過発情などがそれにあたります。その原因として、飼育環境が退屈で変化がないことが問題視されるようになりました。そこで、動物福祉の観点から飼育環境を改善し、動物たちの生活をより豊かで充実したものにするための工夫（環境エンリッチメント）が大切であると考えられています。

▶▶ トレーニングは、食の楽しみを広げたり、頭を使うことで認知的な刺激を促したり、社会的な刺激を与えたりする効果があります。

野生下では食べ物を探すのに頭を使いますが、トレーニングでも同じようにたくさん頭を使います。

ハズバンダリートレーニング

動物の健康を守るために、体重測定や健康診断、爪切りといったケアをする必要があります。そのときに、力づくでおさえつけられたり、無理に移動させられたりすることは動物にとってはストレスです。病気やケガをして医療行為を受けるときに、不安や恐怖を感じたままでは必要なケアを十分に受けることができません。

▶▶ トレーニングを行うことで、医療行為やお世話をするときに必要になる刺激に慣らして、人間も動物も安全に健康管理を行うことができるようになります。

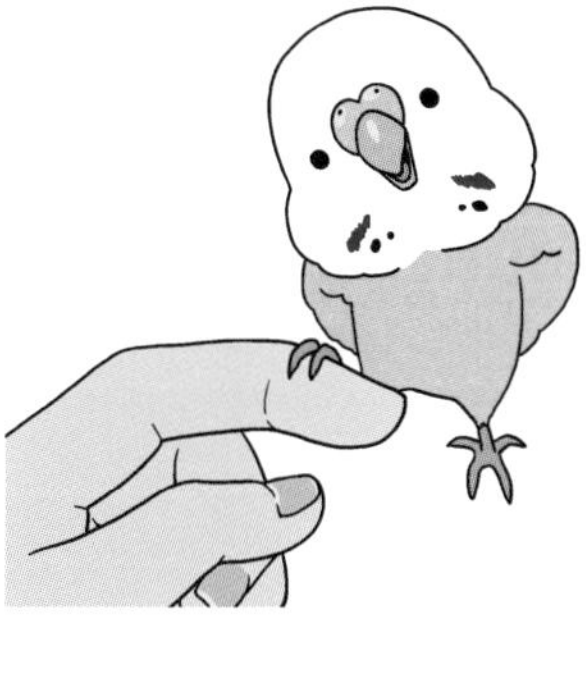

※ハズバンダリートレーニングは、協力的ケアトレーニングとも呼ばれています。トレーニングにより飼い主さんと信頼関係が築けると、体に触らせてくれたり、薬を飲んでくれたり、自身のケアに協力的に参加してくれます。

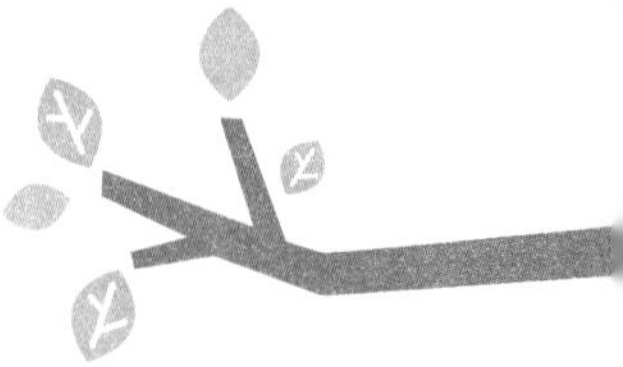

［トレーニングをする意味①］

コミュニケーション力がアップする

今現在、自分の家のインコとどのくらいコミュニケーションがとれていますか？

鳥は無表情だとされていますが、いろいろなしぐさや行動で気持ちを伝えてきてくれています。でも、「よくわからないけど噛まれた」などという場合もあるのではないでしょうか？　たとえば、いつもは手に乗ってくれるのに、手を出したら急に噛まれたとか。人間同士のコミュニケーションで噛むという行動はあまりとらないので、どうしても「怒ってる」とか「嫌ってる」などと考えがちです。しかしこの場合は怒る嫌いの問題ではなく、「今は手に乗りたくない」という意思を伝える手段が「噛む」という行動しかなかったのかもしれません。行動には理由（機能）があり、噛むことで飼い主さんは手を引っ込めます。するとインコは、「手を引っ込めてほしいときは噛めばいいんだ」ということを学習します。トレーニングにより、人間がインコの行動をより細かく見てそれらに適切な反応をすると、インコは人間への意思伝達のためにより多くの行動のバリエーションを見せるようになります。すると「噛む」以外の方法で意思表示できるようになります。

コミュニケーションがうまくいく理由

行動のレパートリーが増える

トレーニングは、細かいステップを刻みながら行います。その際に、インコは様々な行動を見せますが、それに飼い主さんが反応してくれることがわかると、その行動をコミュニケーションの手段として使うようになります。

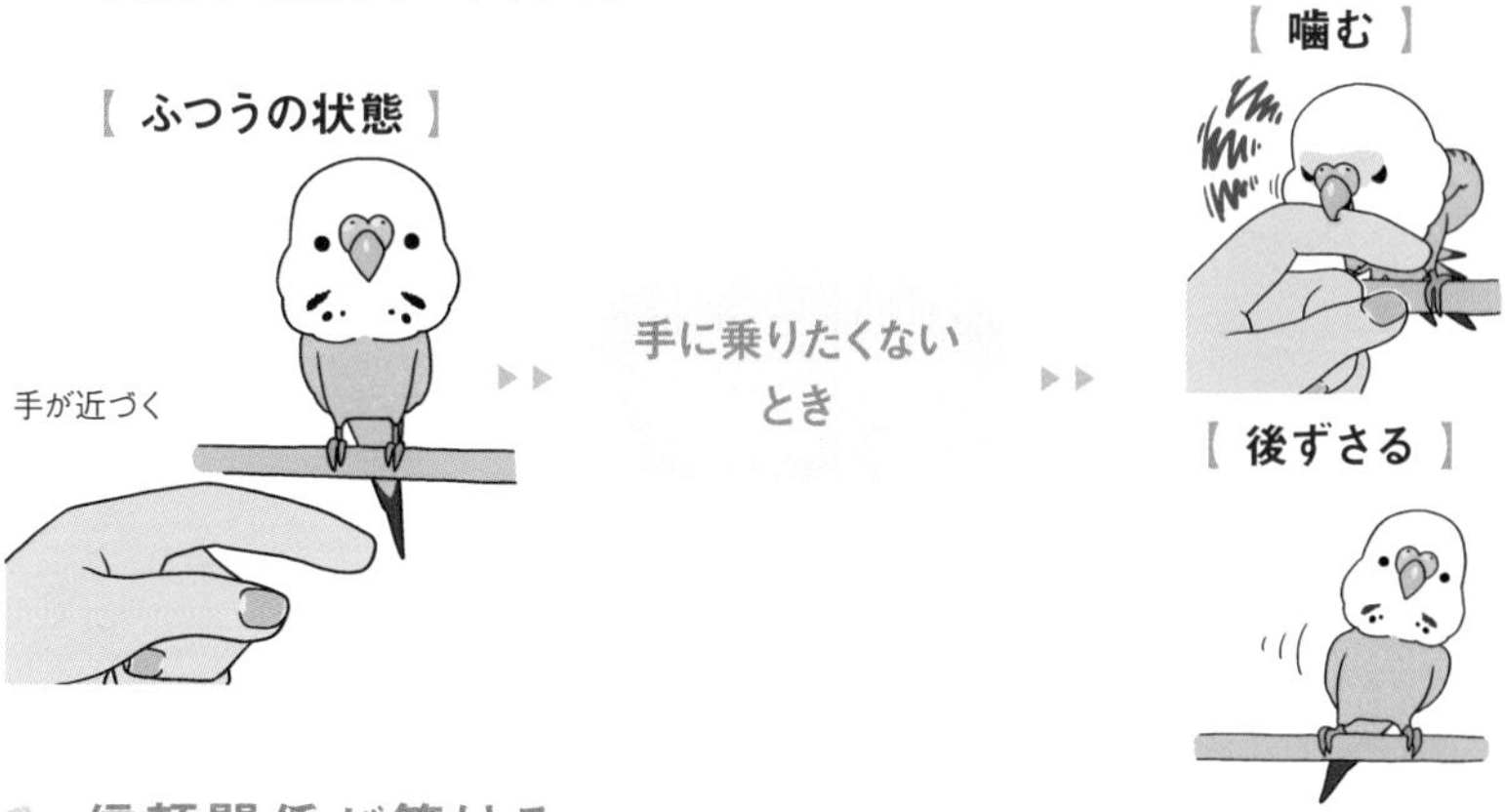
【ふつうの状態】
手が近づく
手に乗りたくないとき
【噛む】
【後ずさる】

信頼関係が築ける

動物と仲よくなるために必要なのは「安心」の土台作り。「イヤ」というサインを見せたら引き、危害を加える存在でないことを理解してもらいましょう。また同時に人とかかわるとよいことがあるという経験も重ねていきます。こうして信頼を深めていきます。

インコの「OK」と「イヤ」のサイン

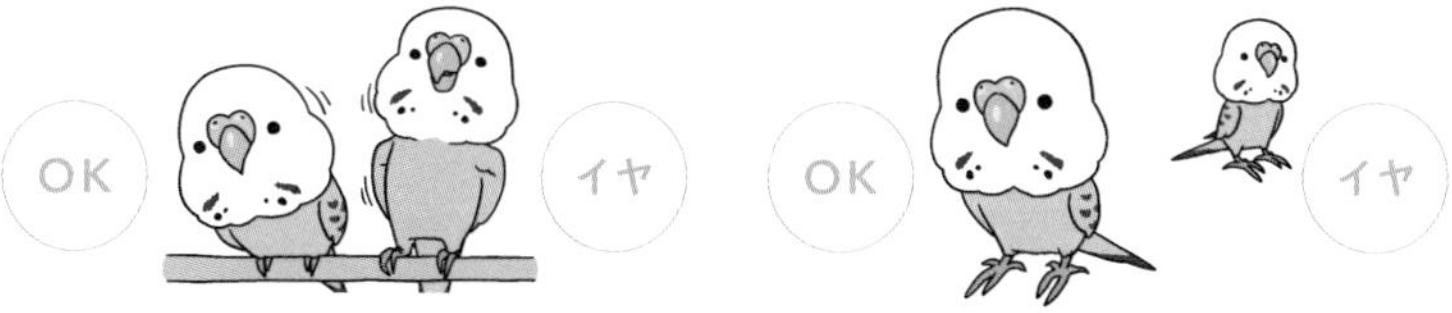
OK
イヤ
OK
イヤ

前のめりになる↔後ろにのけぞる

近づく↔離れる

［トレーニングをする意味②］
観察スキルが上がる

トレーニングでは、行動の「形」と「機能」に注目します。「形」は頭を下げるとか目をそらすなど見たままの状態のことで、「機能」は行動の理由や意味のことです。

　行動の形は同じでも、機能（理由、意味）が違うことがあります。たとえば、「頭を下げる」という行動は、「撫でてほしい」という意味とされています。しかし、中には手に乗ってと飼い主さんが手を出したときに頭を下げるインコもいます。この場合、手に乗るのが嫌だったから、代替行動として「頭を撫でて」という形をすることがあります。これで手に乗らずにすむと、次のときも同様に頭を下げるようになるでしょう。行動の「形」が同じでも、AさんとBさんの家では意味が異なることがありますし、同じインコでも時と場合によって意味が違う可能性があります。

　このように行動の「形」と「機能」は1対1で対応しているわけではありません。そのため、トレーニングでは飼い主さんはインコをしっかり見ながら細かくコミュニケーションをとっていくことになります。そうすると「うちの子」の「そのときの気持ち」に、より敏感に気づけるようになります。

インコのボディサイン読み取りポイント

POINT 1

小さいサインを見逃さない

次のページ（p.104 〜）で詳しく説明しますが、たとえば「拒否」を伝えたい場合に、インコは段階的にサインを出しています。噛むという攻撃行動に行く前段階で、「イヤ」というサインに気がつくことができれば、噛まれずにすみます。インコにしても噛むという労力が大きい行動をとらずにすみますし、お互いにとってストレスが少ないです。

POINT 2

個体差がある

「拒否＝噛む」となっているインコの場合、過去に噛む前の小さな拒否サインが聞き入れられなかった可能性があります。するとすべての小さなサインを飛ばして、噛むという選択に出ることも。ボディサインは学習と関係しているため、それぞれ個体ごとに異なります。

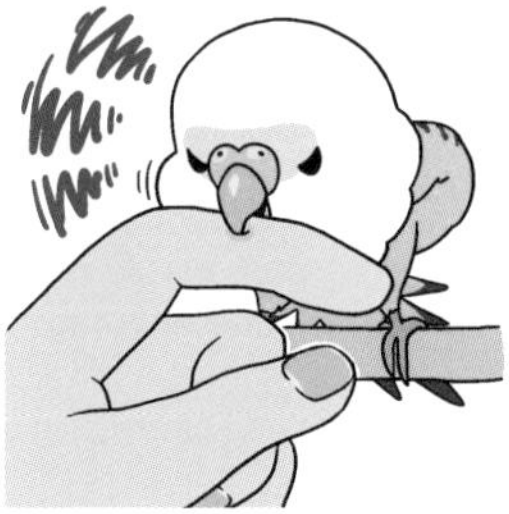

POINT 3

前後にあったことに注目

噛むというサインも、拒否という意味だけではありません。飼い主さんに構ってほしいときにも噛むことがあります。このように同じひとつの行動（サイン）であっても、別の意味や理由が込められている場合があるのです。正しく読み取るためには、その行動の前に何があったか、その行動の直後に何が起きたかに注目しましょう。

拒否／イヤ／怖い

**トレーニングをするにあたって覚えておいてほしいのが「イヤ」のサイン。
「噛む」は最終段階なので、その前に気づいて反応してあげられると
インコも人間もストレスが少なくてすみます。**

LEVEL 1　0　100

目をそらす・顔をそむける

インコは視線に敏感で、人や鳥同士のコミュニケーションでも視線には意味があります。拒否を表すとき、最初にするのが視線をそらすこと。関心がないととられることもありますが、「こっちに来ないで」「それ以上近づかないで」の意味になります。

LEVEL 2　0　100

体重移動

「腰が引けている」といった様子です。嫌なものや見知らぬものからは、安全かどうかがわかるまでは距離をとりたくなるもの。リラックスしているとき真ん中にあった重心が、対象物とは反対側に行くのは、思わずちょっと距離をとりたくなった証拠。

足を上げる

体重移動をしたときに、反対側の足が浮くことがあります。

細くなる

驚いたり、不安や緊張状態になると、シュッと体が細くなります。

LEVEL 3 0 100

体の向きを変える

顔の向きだけではなく、体の向きを変えることではっきりと拒否や興味がないという意思表示をしています。

LEVEL 4 0 100

後ずさる

レベル１から３までのサインでは伝わらないと、後ずさることで、対象物から少し離れようとします。

LEVEL 5 0 100

遠ざかる

対象物から実際に離れます。安心できるだけ距離をあけます。

逃げられたら逃げる

相手のスキを見て飛んで逃げられそうなら逃げます。コーナーに追い込まれるなど逃げられないとインコはさらに恐怖を感じます。

POINT

- レベル1、2で気づけたら、ストレスは少ない。ただし、インコは動きがすばやいので見落としてしまう場合が多いです。慣れるまでは、練習のためにも動画などを撮っておくと後で気づくことができます。
- レベル3、4は逃げようかどうしようか葛藤していて、レベル5で逃げています。逃げることでインコがやめてほしいことを回避できれば、インコの「対象物との距離が必要」という目的は達成されたことになります。

LEVEL 6　0 ━━ 100

体を硬直させる・凝視する

恐怖で体が固まり、対象物から目が離せなくなっています。インコはかなり追い込まれた気分になっていて、これ以上接近されたら、逃げだせない場合は攻撃に転じるしかなくなってしまいます。

LEVEL 7　0 ━━ 100

くちばしを開く

「これ以上近寄ったら攻撃するぞ」という意味で、くちばしをカッと開いて相手に最終通告をしています。暑いときにも口を開けますが、人間やインコが接近したことによる威嚇行動の場合は、これ以上近づくと噛みつかれます。

LEVEL 8　0 ━━ 100

くちばしが当たる程度に噛む

くちばしを開けて威嚇してもどかない相手の場合は、噛みつくという行動に出ます。いきなりガブッといくのはインコにとってもリスクがあるため、サッとくちばしを相手に当てたりします。

LEVEL 9　0 100

くちばしが食い込むほど噛む

通常はレベル8で離れていくので人間もインコ同士も流血するほど噛まれることはありませんが、それでも距離がとれない場合はガブッと噛みます。噛む前のサインを見逃さず対応していきましょう。

過去の経験で、レベル1から8まででは自分の気持ちが通じない（距離をあけてもらえない）と感じているインコは、いきなりレベル9の噛みをすることがあります。

そのほか

インコの威嚇サイン

顔の羽毛をふくらませる

怒っているときも気持ちがよいときも顔のまわりの羽毛をふくらませることがあります。目がキツく怒りが感じられ、くちばしも少し開いていると怒りによるものです。状況で判断しましょう。

羽をバサバサさせる

威嚇というより、相手に対して「しつこい！」とイライラしているときのサイン。

「フッ！」と息を吐く

怒っていると、「フッ！」と強く息を吐き出します。顔の羽毛もふくらんでいるはず。

体を左右にゆらす

左右にゆらゆら体をゆらすのは、怒っているとき。ワクワクしているときにも体をゆらしますが、怒っているときはゆっくりめです。

満足／ご機嫌／ポジティブ

**飼い主さんに構ってほしいときや甘えたいときなどに見せる一般的なサインです。
これらにも個体差があり、またずっと同じ気分でいるとは限らないため、
インコの様子とその場の状況を見ながら接するようにしましょう。**

スサーっと体を伸ばす

片方の足と羽をぐいっと伸ばしてストレッチをするのは、それまで休んでいて「これから動くぞ」というサイン。やる気に満ち溢れているのでトレーニングのチャンスですが、先に行きたい場所やしたい遊びがあるとそっちに向かってしまうでしょう。

止まり木で右往左往

止まり木をタタタと右にいったり左にいったりするのは、遊びたくてしかたがない気分の表れです。ケージの中なら、外に出て遊びたいとアピールしています。

頭を上下に振る

楽しい気分でノリノリなときに、上下に頭をブンブン振ります。これに吐き戻しが加わると求愛行動。インコによっては八の字に頭を振る子もいます。高じると興奮して噛むインコもいるので、興奮が高まってきたらおもちゃなどで気をそらしましょう。

POINT

撫でているときに
噛まれないために

今まで撫でさせてくれていたのに、急に噛みつかれることがあります。「そこじゃない！」「もうやめて！」ということをインコが噛んで伝えているのです。噛むという手段以外でインコに伝えてもらうため、撫でているときは時おり手を止めてさらに撫でてほしいか反応を見るようにしましょう。

頭を下げる

頭をカキカキしてほしいときに見られます。指をかぎ状にして見せると、かいてほしいところを見せてくるでしょう。

翼を上下にワキワキさせる

楽しくて機嫌がいいときに見られるしぐさです。いっしょに歌ってあげたり、手に止まっていたら軽く振ってあげたりすると喜びます。暑いときや、発情したときにも見られます。

つぶやく

小さくつぶやくのはリラックスしているとき。いい気分でいるのでそっとしておいてあげたほうがいいです。緊張でしゃべることもあり、病院などに連れていくとキャリーの中でブツブツいうことがあります。

見るべきボディサイン

**インコと信頼関係を築くには、インコの気持ちを尊重することが大切です。
スキンシップやトレーニングなどを行う際は、人や物を目の前にして、
下のうちどちらのボディサインが表れるか注目してみましょう。**

← ポジティブ

＼ワクワク／＼OK!／

目の前の人や物に対して興味をもち、気分が前向きなときは、その対象と距離を縮めるようなサインなどが見られます。

- 前のめり
- 首を伸ばす
- 集中
- 近づく
- 触れる

など

ニュートラル

落ち着いて
リラックスしている状態。

ネガティブ →

＼怖い！／＼NO!／

目の前の人や物が怖い、拒否したいという気分のときは、体がこわばったり対象と距離を置こうとしたりするサインが見られます。

- 重心が後ろ
- 後ずさり
- 体の緊張
- 目がきつい
- 逃げる

など

【見る⇔見ない】

興味がある、ほしいから「見る」に対して、興味がない、遠ざけてほしいから「見ない」というサインもあります。ただし、怖くて目が離せないという場合も。

【前のめり⇔体重後ろに】

実際に距離は変わらなくても、わずかな体重移動に、インコの近づきたい気持ちや遠ざかりたい気持ちが表れます。

これはどういうとき？

同じ行動であっても、そのインコのこれまでの経験で違った意味をもってくる場合があります。前後の状況などトータルで考えて、どんな気持ちかを読み取るようにしましょう。

【尾羽を振る】

遊びなどで満足したり、ゆったり休んでいたけど活動を始めたりという気分の切りかえのときによく見られます。飼い主さんから呼ばれたり、おやつをもらってうれしいときにすることもあります。また羽づくろいをしてリラックスしているときにも見られます。

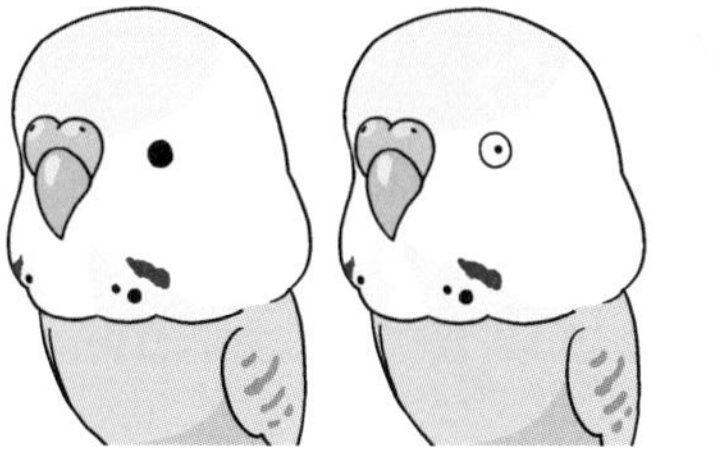

【点目になる】

黒目の部分（瞳孔）が大きくなったり小さくなったりを激しくくり返します。黒目がギュッと小さくなった状態を「点目」と呼んでいます。うれしいとき、発情しているとき、怒っているときなど興奮時に見られます。

【飼い主さんをハミハミ噛む】

羽づくろいのつもりで、飼い主さんの腕や首などをハミハミ噛むことがあります。噛み心地がよくて噛んでいることもあります。噛まれて痛い部分は噛まれないようにしたり、ほかに噛んで遊べるものを与えたりしましょう。

POINT

インコの出すサインはいろいろ

ここで紹介したボディサインはごく一部です。このほかにも、種特有の行動や学習によって身につけた行動などいろいろあります。

［トレーニングの基本①］

行動に注目する

トレーニングの目的は、人間との生活の中で、インコが安全で快適に暮らせるようにすることです。そしてインコのトレーニングは、応用行動分析学に基づいた方法で行います。インコの行動に着目し、望ましい行動にはインコにとってよい結果が起きるようにすることで、インコが楽しく学習できるようにします。

インコにとって結果がよいことであれば、インコはその行動をもう一度くり返します。

逆によい結果が起きなければ、くり返してくれません。行動は結果により選ばれるのです。これがトレーニングの基本です。

手に乗ってくれた、ケージに戻ってくれた、呼んだら来てくれた、ひとりで遊べている。こうした日常のよい瞬間を見逃さないことが大切です。これらのことを当たり前と思わず、インコにきちんとフィードバックをしていきましょう。

行動は客観的に観察できるもので、たとえば「くちばしを開いている」「体を左右にゆらしている」などはだれが見てもわかります。「いばっている」「怒っている」などは行動の描写ではなく、人間の思い込みや先入観によるラベリングというものです。

ABCで考える日常の学習の例

A	B	C
Antecedent きっかけ	Behavior 行動	Consequense 結果
行動のきっかけとなった事象や刺激	Aの直後のインコの行動	Bの行動の直後に起こったこと

Cの結果がインコにとってよいものだと、行動はくり返される ▶▶▶▶ 学習

A → B → C に分けて行動を分析してみましょう。

A きっかけ	B インコの行動	C 結果
飼い主さんが手を出す	噛む	手がどく
飼い主さんが手を出す	手に乗る	おやつをもらう
飼い主さんがテレビを見ている	大声で鳴く	飼い主さんが注目する

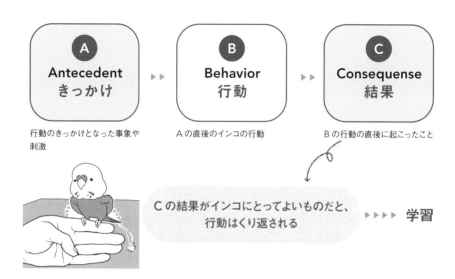

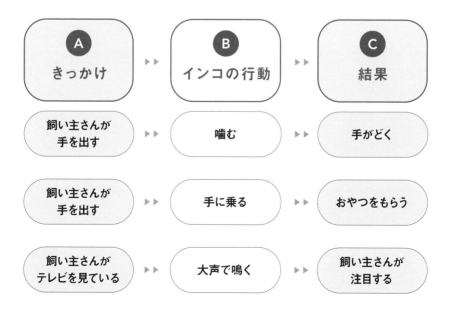

［トレーニングの基本②］

インコにとっての「ごほうび」を考える

私たちはどんなときに行動しようと思うでしょう？　そして、どんなことがあると行動をくり返してみようと思うでしょう？

　トレーニングには主に「正の強化」と呼ばれる方法を用います。これはインコが望ましい行動をしたら、インコが喜ぶもの（ごほうび）を与え「よい結果」を起こすことで、その行動をくり返してもらうというものです。「喜ぶもの」には個体差があり、また状況によっても異なるので、ここでも日々の観察が大切になります。一般的には、褒め言葉、食べる物、声かけ、注目などがあげられますが、TPOに応じて使い分けていきます。

　トレーニングで使う「ごほうび」は、より限定的な「それを獲得するために行動するもの」という意味で「強《きょう》化《か》子《し》」と呼ばれます。その子に合った適切な強化子選びはトレーニング成功の鍵になります。たとえば、アワ穂が大好きなインコであれば、アワ穂をもらえることで行動をくり返す強化子になるかもしれませんが、アワ穂をあげても食べてくれない、食べてもすぐどこかに行ってしまうのであれば、その時点では強化子ではありません。他の強化子を探すなどしましょう。

行動の頻度を増やすもの＝強化子

強化子とは？

ある行動を行い、それが望ましい結果につながるとその行動の頻度が上がります。これを「強化」といい、行動の頻度が上がる要因となるものを「強化子」といいます。たとえば、私たちは暑いときにエアコンをつけますが、「エアコンをつける」という行動は「涼しくなる（暑さがなくなる）」という結果が強化子になっています。

一次強化子と二次強化子

強化子は以下の２種類に分けられます。

一次強化子	二次強化子
生まれつきもっている生きていくために重要な刺激。無条件刺激ともいう。 例：食べ物、水、空気、快刺激　など 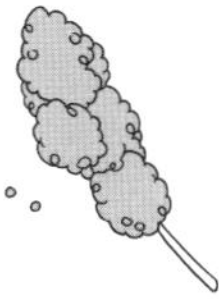	もともとは中性的な刺激だったものが、一次刺激とペアリングされることで学習し強化子となったもの。条件刺激ともいう。 例：メダルや賞状、褒め言葉、おもちゃ、お金、クリッカー　など 

ごほうび（強化子）の選び方

**インコにとってわかりやすく、行動と「よい結果」を結びつけるために、
ごほうび（強化子）として何を選ぶかが
トレーニングを上手に進めるためのひとつのカギとなります。**

強化子でインコのやる気アップ！

トレーニングで使う強化子は、インコがある行動を覚えよう、くり返そうと思うだけの魅力があるものでなければ意味がありません。「トレーニングの時間楽しい！」とインコのポジティブな気持ちを引き出すものはどんなものでしょう？　おやつや飼い主さんとの触れ合い、遊びや声かけなど、インコによっていろいろあるでしょう。ただし、いつもは喜ぶものでも、ときと場合によっては喜ばないこともあります。

POINT

強化子になっていないケース

いつもは喜ぶアワ穂などの特別なおやつでも、おなかがいっぱいのときにはその価値が下がります。代わりに触れ合いや声かけなどの価値が高くなっている可能性も。

普段からたくさん褒められているインコにとっては、いつもと同じ褒め言葉は強化子にならないことも。おやつなどと結びついた意味をもつ言葉の強化子を作りましょう。

食べ物を強化子にするときは？

食べ物は動物にとってわかりやすく無条件で強化子となり得るものですが、必ずしも万能とは限りません。おやつを強化子として使用するときには次の4つのポイントに注意しましょう。

POINT 1

おやつがほしくないときはトレーニングをしない

「食べない」というのもインコにとっての意思表示です。おやつを見せても食べたがらないときはトレーニングを一旦やめて環境を見直してみます。普段は喜ぶおやつでも、おなかがいっぱいだったり、知らない人がいたり慣れない環境で緊張していたりすると受け取らないことも。トレーニング以外のときでも、インコの気持ちを知るひとつの手がかりになります。

POINT 2

普段のごはんよりワンランク上のものを

何もしなくてもいつももらえるごはんは、強化子にならないことがあります。強化子として利用するおやつは、いつもあげているものよりもさらに喜ぶワンランク上のものを選びましょう。ペレット食の子ならシードを、シード食の子ならその中でも好んで食べるものを除いておいて強化子とするといいでしょう。

POINT 3

量を調整する

トレーニングで1度にあげるおやつはすぐに食べ終わる大きさ（量）にします。小型インコならシードひと粒くらいを目安に。1度のトレーニングセッションに回数多くあげられるよう、分量を調整しましょう。おなかがいっぱいだと集中もとぎれがちになります。また、トレーニング時のおやつが多くて太ってしまったというのは避けたいです。１日の食事量とのバランスを考えた配分を。

POINT 4

手が怖い子には手渡しをしない

強化子としてあげるおやつは、インコにとって純粋に喜びを与えてくれるものでなくてはなりません。手が怖いなどマイナスのイメージがあると、おやつの純粋な喜びが少し減ってしまいます。手に慣らすトレーニングは別で行い、強化子としておやつを渡すときは、入れ物に入れたり床に置いたりしてインコが躊躇なくとれる形で。

［トレーニングの基本③］

リラックスできる距離をとる

　トレーニングを始めるときに、まず最初に気をつけたいのはインコが安心できる環境を作ることです。まわりにインコが不安を感じるようなものはありませんか？　トレーニングをする人、人の手、トレーニングしようとする対象物はどうですか？

「うちの子は怖がりだから」というインコも、リラックスしているときはあるはずです。トレーニング時だけではなく、日常的にかかわるときも、インコがリラックスしている姿勢を覚えておき、その姿勢でいる時間を増やすことを心がけましょう。

　安心できる環境作りのために注目したいのは「距離」です。怖がる様子を見せたら、手や対象物は遠ざけます。リラックスした姿勢になったり、近づいてきたりする様子が見られたら、褒めたり、おやつをあげたりします。自分に近づいて来るものは怖いけれど、自分から近づいて確認するのは大丈夫というインコは多いです。ケージ越しなら手を怖がらないという場合、ある程度手との距離がとれるためリラックスしていられるのかもしれません。

　こうした安心できる環境と学習の機会を作ることで、信頼関係が深まっていきます。

インコにもある大切な「距離感」

密接距離

ペアやきょうだいなど体が触れ合うような距離感。その距離に入ることを許された相手だけが近づけます。

社会的距離

いわゆるソーシャルディスタンス。適度な距離をとることで快適でいられる距離感で、インコの場合翼を広げたくらい。同じ群れの仲間などが当てはまります。

POINT

逃走距離

トレーニングのときにポイントとなる距離。「これ以上近づいたら逃げますよ」という距離です。この逃走距離に気づかず、近づいては逃げられるをくり返しているとインコは信頼してくれません。逃げずに落ち着いていられる距離を把握して、そこから近づいてきてくれたらいいことがあるということをインコに教えていきます。

臨界距離

「それ以上近づいたら攻撃するよ」という距離。インコは噛みつく前に、さまざまなボディサインを出しています。よく噛まれてしまうという飼い主さんは、この距離に入る前の「イヤ」というサインを見逃さないようにしましょう。

安心距離を確認しよう

近づくとインコが逃げるということをくり返していると、インコとなかなかコミュニケーションがとれません。「ここまでなら大丈夫」という、うちの子の「安心距離」を知ることがトレーニングの第一歩となります。

ケージの中からスタート

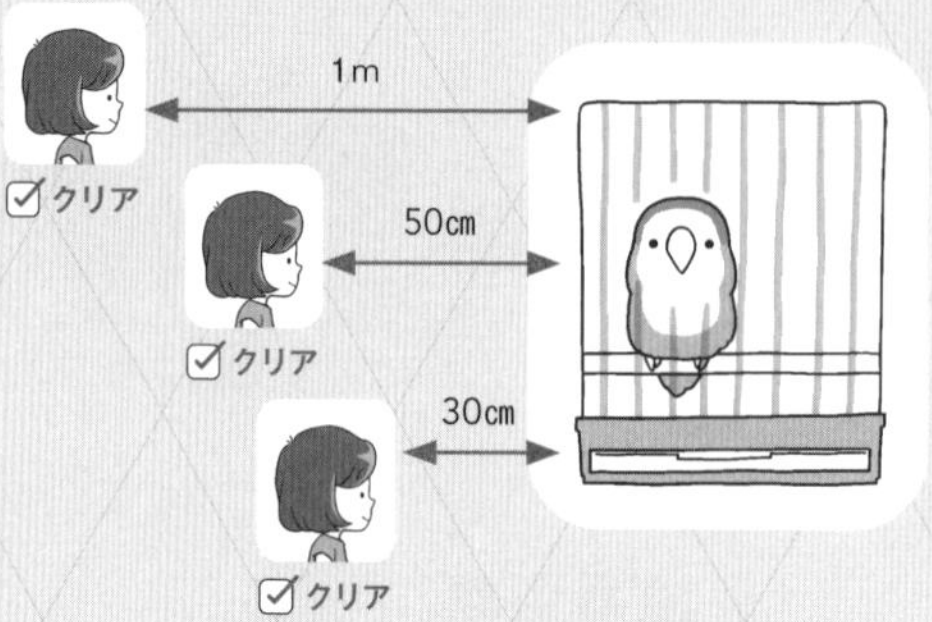

ケージの中で落ち着いているとき、どの距離までならインコがリラックスしていられるのか、「近づかないで」のサインが出る前の距離を確認します。たとえば 1m 離れたところからスタートし、50cm、30cmと少しずつ距離を縮めて、サインが出たら、それより遠くの「安心距離」に戻って練習します。

【クリアできなかった場合】

視線や人の覆い被さるような姿勢を怖がるインコもいます。正面向きではなく、横向きに立てば平気な場合もあります。

横向きでもダメ

それ以上グイグイいかないようにして、p.123 の「手は怖くないよキャンペーン」を試してみてください。

これなら平気

横向きでおやつをあげてみる。

【クリアできた場合】

30cmの距離まで近づいてもインコがリラックスしていたら、おやつをケージ越しにあげてみましょう。

食べない

おなかがいっぱいか、眠いか、緊張しているのかもしれません。今日はここまでにしておきましょう。(手が怖い→ p.123 へ)

食べる

ケージの下や反対側で試してもインコがついてくるようなら、トレーニングの準備ができています。

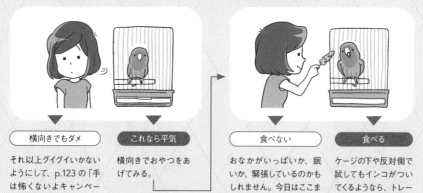

物の安心距離を確認

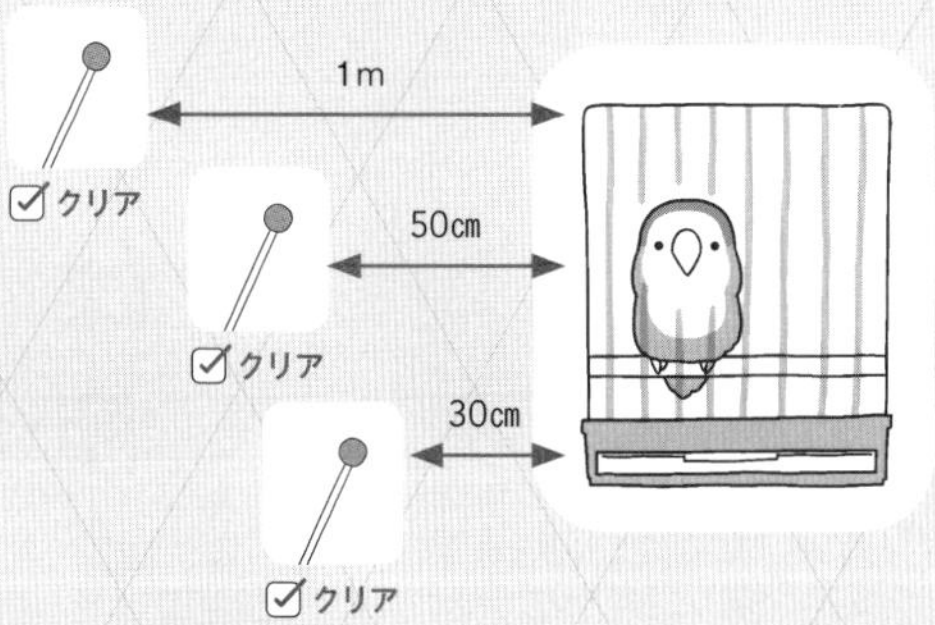

人や人の手は平気なインコでも、見たことがない物が目の前に現れれば最初は警戒します。p.128の「ターゲットトレーニング」をする前は、ターゲットに対する確認が必要になります。右ページと同じように、インコが安心していられる距離からスタートし、反応を確認しながらトレーニングを進めます。

POINT

- ターゲットに注目させようと動かしたり振ったりしないこと。
- ターゲットを見て目をそらす、後退するなどの様子が見られたら、そこよりも遠くの安心距離に戻ってトレーニングを始めましょう。
- ターゲットはインコの目線より下に出しましょう。上から来る物は警戒する子が多いです。
- おもちゃなど新しい物を見せるときも同じように安心距離で見せるようにします。

安心距離を知るところからスタート

この距離だったら逃げずにリラックスしていられるという安心距離を見つけることが、トレーニングのスタートポイントです。ただし、一度人や物が近づいても大丈夫そうという判断をしても、別の日もその距離が平気とは限りません。安心距離は経験によって近くなったり遠くなったりと変化します。ボディサインに気づかずに無理に距離を縮めると、この距離は安全ではないとインコが学習してしまい逃げるようになってしまいます。

「手は怖くない」と教えるには

遊びや休息、人とのかかわりなどすべてのことは、安心が土台にあってはじめて享受できます。手や人が怖いインコの場合、まずはインコが安心していられる距離や状態を正確に知る必要があります。「人を見ると逃げるのか」「人や手が近づくと逃げるのか」インコの「今ここ」を正確に知り、そこからスタートすることが大事です。「安心距離」がわかったら、「そこから先は入ってこないで」というインコの気持ちを尊重し、「こちらからはこれ以上近づかないよ」と態度で示し、インコからのアプローチを待ちます。

人が来ただけで逃げるインコの場合（安心距離1m、50㎝のインコも）

声かけや視線を送るといったことは一切せず、ケージの近くを通るたびにごはん入れにおやつをポロンと落としていくことだけをくり返します。そのときのおやつは、いつもよりグレードが高い大好きなものに。10日くらい続けると、少し期待して待ってくれるようになるはず。

「手は怖くないよ」キャンペーン

ケージ越しにおやつをあげる

アワ穂や野菜好きなら小松菜など長さのあるおやつを用意して、インコの安心距離からケージに差し入れます。そのとき、おやつをインコに近づけようとせず、出す位置を決めたらそこで固定してじっと待ちます。近くまで来て食べてくれたら、その次はもう少し短く持ってみます。インコが逃げるなど怖がる様子が見られたら、そこでその日は終了。おやつをちぎってごはん入れに入れて立ち去ります。

ケージの外でおやつをあげる

テーブルで、左のように手を置いてそこから離れたところにおやつを置きます。インコが食べてくれたら、次はおやつを置く位置を少しだけ手のほうに近づけます。もし、おやつは欲しいけど怖くて前に進めないといった葛藤が見られたら、それより手前の落ち着いて食べられるあたりでの練習をもう少し続けます。

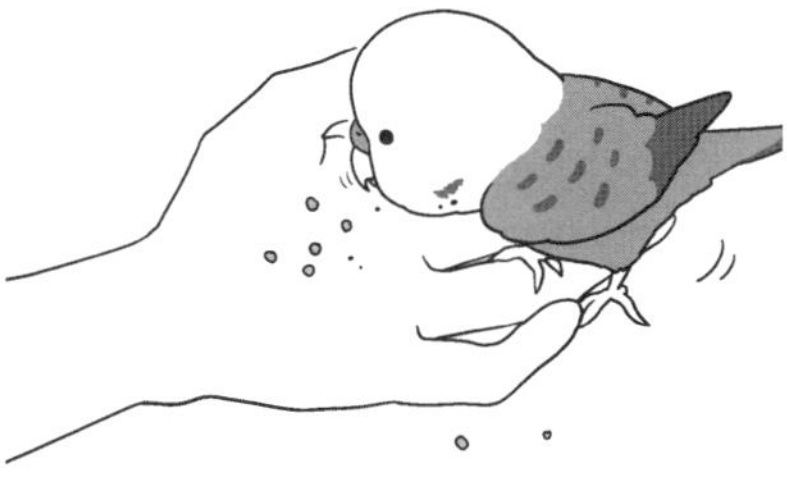

徐々に距離を縮めていき、最終的には手の上におやつを置いてその上でも食べられる練習につなげます。手に乗らなくても、手が近くにあっても怖がらずにいられるようになればOK。2、3か月根気よくくり返すと、変化が出てくるでしょう。

クリッカーを使うメリット

学習するうえで、具体的にどの行動がよい結果に結びついたのかがわかりやすければわかりやすいほど、インコも早く覚えてくれます。たとえば上司から「さすがだねー」と褒められたとして、具体的に相手がどこを評価してくれたのかがわからないと、何がよかったのかがわかりません。相手はプレゼンの資料を褒めたのに、その日の服装を褒められたと勘違いすれば、その後の努力は見当違いなほうへ向かってしまいます。

インコに、どの行動がよかったのかをわかりやすく伝える（マークする）ものを「マーカー」といいます。マーカーとしてよく使われるのがクリッカーです。クリッカーは、カチッというクリック音を出す道具で、このクリック音自体はインコにとっていいものでも悪いものでもありません（ただし、怖がりな子の場合は大きい音を嫌がることも）。これを強化子として使うために、まずクリック音を鳴らした後におやつをあげて「クリック音=食べ物」という関連づけをします。望ましい行動の直後にクリック音が鳴ることで、その行動とよい結果（クリック音+おやつ）を結びつけることができます。

クリッカーを使うメリット

他にない音なので印象的である。

離れた場所でも鳴らすことができ、ピンポイントで「今の行動」とインコに伝えやすい。

だれが鳴らしても同じ音がするので、人が変わっても一貫性があり、インコにわかりやすい。

▼

ただし、必ず1クリック＝1トリーツ（おやつ）を守ること

クリッカー以外のマーカー

「そう！　それ！」とよい行動を印象づけるマーカーとして、クリッカー以外に下のようなものも使えます。これらを使う場合も、マーカーとなる刺激の後に必ずおやつを出します。マーカーとなる刺激とおやつとの結びつきができたら、クリッカーの代わりに使うことができます。

【 声 】

短くて、普段使わない言葉を選びます。「good」「そう」などを使う人もいます。道具を準備しなくてよいというメリットがあります。声の調子は一定になるようにしましょう。

【 触れる 】

頭、くちばしなど体の一部に軽くタッチすることをマーカーとする方法です。耳が聞こえないインコだけでなく、目が見えないインコにも効果的です。

【 ホイッスル 】

口にくわえて鳴らすため、トレーニング中両手があくというメリットがあります。

【 ライト 】

耳が聞こえないインコの場合、効果的な道具です。

POINT

マーカーは、「してほしい行動が起きたと同時」に使います。インコに「そう、その行動！」と印象づけるためには適切なタイミングで使うことが大事です。

まずはチャージングをしよう

クリッカーだけでは強化子にはなりません。クリッカーの音を、おやつなどインコにとってよいことと結びつける作業を「チャージング」といいます。

インコと始める前に飼い主さんだけ練習

※人間がスムーズにできるようになっておくと、インコを混乱させずにすみます。

【 準備 】

テーブルの上に紙コップなどの容器を置き、おやつはひと粒ずつにしておやつ入れに入れておきます。手はテーブルの下（ひざの上）。おやつ入れは利き手側に置きすぐにひと粒ずつ取り出せるように。反対の手でクリッカーを持ちます。

【 練習 】

クリッカーをひざの上で「カチッ」と鳴らしたら、すぐに（1秒以内）おやつをひと粒カップに入れます。「クリッカーを鳴らす→おやつを入れる」をリズミカルに5回ほどくり返しましょう。クリッカーを鳴らす前に、おやつを入れる手が動かないよう注意。

POINT

クリッカーを怖いものだと思わせない

特に怖がりな子の場合は、クリッカー自体を怖がるかもしれません。本体を不用意に近づけたりせず、十分な距離をとって見せます。音を怖がる子もいるので、布などで包んで音を少し抑えめにして、音への反応を確認してから始めましょう。

インコといっしょにチャージング

インコが落ち着いていられる環境で行います。ケージ内も始めるにはよい場所です。クリッカー以外の音や動きを出さないように注意。ここで大事なのは明確なクリック音とおやつの関連づけです。

クリック後、すぐに（1秒以内）おやつをひと粒あげます。クリック→おやつをリズミカルに5〜10回くり返し終了。これを1日に数回数日行うとよいでしょう。クリックでインコがおやつを探す様子が見られたら、関連づけができていると思います。

手からおやつを受け取るのが難しい場合は

手が怖いとか手からうまくおやつを受け取れないという場合は、テーブルに置いたり容器を用意してそこに入れたりします。

POINT

クリック音の後に必ずおやつを出す

「1クリック＝1トリーツ（おやつ）」というのがインコと飼い主さんの間の約束になるため、たとえ間違ってクリッカーを鳴らしてしまったときでも、必ずおやつをあげてください。クリッカーと飼い主さん両方を信頼してもらうためです。

※おやつを持つ手が見えているとインコはそちらにばかり注目してしまい、クリッカーのチャージングになりません。これも必ず、クリッカーの音がしてから、おやつという順番を守りましょう。

ターゲットトレーニングをする意味

ターゲットトレーニングとは、「ターゲット」となる物体に身体の一部を接触させるトレーニングです。さまざまなターゲットがありますが、最初はターゲットスティックで練習をしましょう。一般的なターゲットスティックは細長い棒の先端に丸い玉などがついているものです。さまざまなものが販売されていますが、割り箸や編み棒などで代用もできます。

ターゲットトレーニングは動物園でも行われていて、たとえば採血をする必要があるときに柵越しにターゲットを見せると動物自らこちらに近づいてきてくれるなど、シンプルで応用の幅が広いです。ケージ越しでもできるので、人になれていなくてケージから出られないインコや、外だと集中できないインコには、ケージ越しトレーニングがおすすめです。

トレーニングの進め方は「シェイピング」といって、「ターゲットに触る」という目標行動に向かうまでを細かいステップで考え、それに沿って行動を強化していくことで、徐々に目標行動へ導いていきます。インコが自らターゲットに近づくことが大事で、ターゲットに触ってほしいあまりインコを追いかけてしまったりすると逆効果です。

ターゲットタッチまでのポイント

ターゲットを見る → 徐々に強化 → ターゲットに触る

1 ターゲットのほうに顔を向ける
2 ターゲットに向かって首をのばす
3 ターゲットの方向に一歩ふみ出す
4 ターゲットに向かって進む
5 ターゲットに近づく
6 ターゲットに向かってくちばしをのばす

こんなときどうする！

かじってしまう！

好奇心旺盛な子はターゲットをかじるかもしれません。かじりそうな場合は、かじってしまう前にクリックし、おやつを渡します。その際、ターゲットは一旦インコから遠ざけましょう。普段から出しっぱなしにして、かじるおもちゃにしてしまわないことも大切です。

失敗した！

人が間違えてクリックしてしまった場合でも、1回クリックしたので、それに対してのおやつをあげてください。次は間違えないよう注意して進めます。インコが間違えた場合、「違う」「そうじゃない」などというネガティブな言葉はかけないこと。インコのやる気をなくさせてしまいます。次は成功できるよう、トレーニングの難度を下げてみるとよいでしょう。

ひどく怖がる

インコが怖がらないもの、たとえば普段から遊んでいるおもちゃなどで始めてみましょう。人間が出したものに、自分から近づいてタッチするとよいことがあると覚えてくれたら、他のアイテムも試してみます。慣れてくると、ターゲットスティックにもタッチしてくれるでしょう。ターゲットの棒部分を隠して始めるとタッチしてくれることもあります。

トレーニング 1

ターゲットトレーニング

いろいろなトレーニングや遊びに応用できるターゲットトレーニングにチャレンジしてみましょう。基本は怖がらせないことと、強化したい行動をしたらクリック&ごほうびです。

1 ターゲットを見る → ターゲットにタッチ

利き手

ターゲットとクリッカーを持ちます。ターゲットとクリッカーがいっしょになった商品もあります。

反対の手

おやつを5粒ほど手の中に入れておき、クリックの前におやつを持った手を動かさないよう気をつけながら、クリックしたらすみやかにひと粒ずつあげられるようにします。

ターゲットを見た→クリック&おやつ→ターゲットのほうに体が向いた→クリック&おやつ

というように、p.129で紹介したターゲットにタッチするまでのステップにつながる行動が見られたらクリック&おやつで強化していきます。

POINT

安心距離からスタート

インコが落ち着いていられる安心距離からスタートします。ケージの中が安心ならケージ越しにターゲットを見せましょう。目線より上に出すと怖がることがあるので、ターゲットはインコの目線より下に出すのがおすすめです。

クリッカーの音以外の刺激はなし

「ピーちゃんこっち」とか「そうそう」など、クリッカー以外の刺激があるとインコが混乱してしまいます。トレーニング中はクリッカーの音がインコにわかりやすいよう、混乱する可能性のある声かけや動きは控えます。

行動を見逃さずすばやくクリック

行動を強化するには1秒以内に強化子を出す必要があるといわれています。ターゲットを見た瞬間にすぐクリック。ターゲットを噛んでしまう子は噛む前にクリックを。

2 ターゲットを追うトレーニング

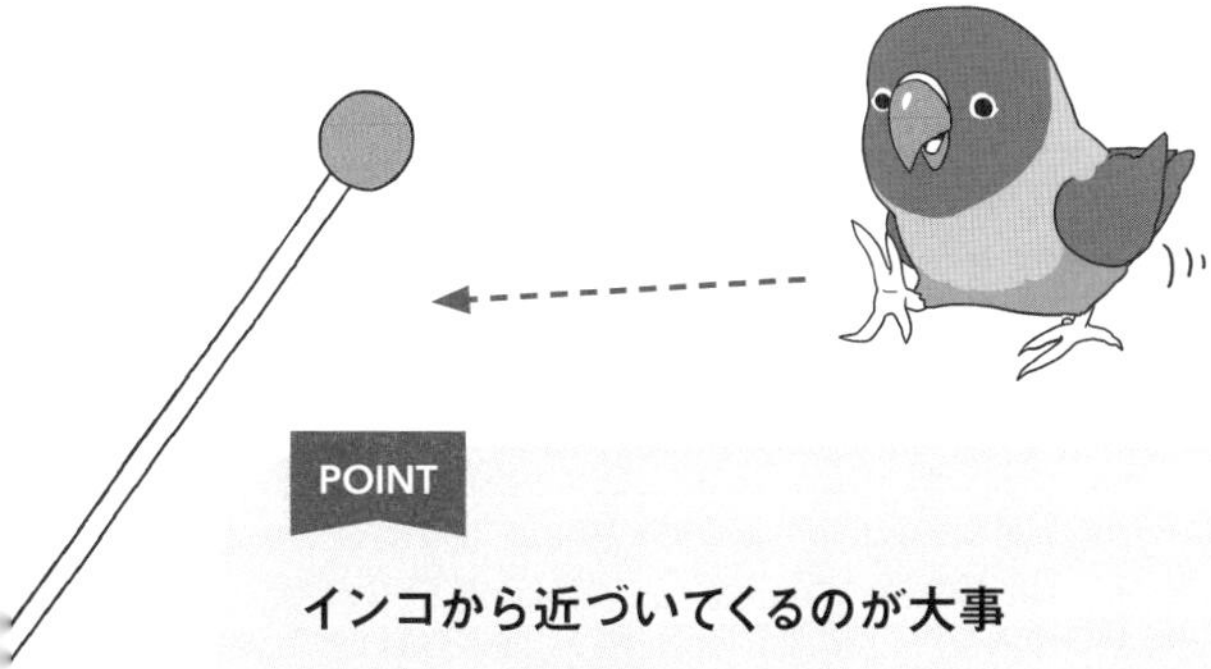

インコがターゲットにタッチするようになったら、今度はターゲットの位置を移動させながらトレーニングします。たとえば、インコから少し離れた左側にターゲットを置いて、タッチできたらクリック&ごほうび。

タッチできたら

今度は逆側の右にターゲットを動かして、同じようにインコが追いかけてきてタッチするのを待ってクリック&ごほうび。

POINT

インコから近づいてくるのが大事

ターゲットを移動したらその位置は固定で。ターゲットを左右や奥、手前などにいろいろ動かしてみて、インコがターゲットを追いかけてそこまでくるのを待ちます。

追ってこない場合

ルールを理解していないか、まだ怖くて行こうかどうしようか葛藤しているのかもしれません。そうしたら一旦前のステップに戻って、ターゲットに躊躇なくタッチできるように練習をしましょう。

3 ターゲットをあちこち追いかけるトレーニング

ターゲットを追いかけることに完全に慣れてきたら、こっちでタッチできたらクリック&トリーツ、次はあっちというようにターゲットをリズミカルにあちこちに動かしてトレーニングしてみます。ケージの中でも止まり木の左右や、上下などに動かして、インコを運動させることができます。

POINT

やりすぎに注意

インコも人も楽しくなってくるとつい続けたくなってしまいますが、疲れないように特に最初は5回やったら終わりとか、2分で終わりとか終わるタイミングを決めてから行いましょう。

飼い主から離れないのはなぜ？

ケージの外に出るとわき目もふらず飼い主さんのところに飛んできて、放鳥中もずっと肩や手の上にいる。そんなになついてくれるなんて幸せなことです。でも、ちょっとひとりでいてほしいときやトレーニングをしたいときなどに、肩から下りてくれず困ることもあるかもしれません。信頼関係がなければ近くに来ないので飼い主さんを信じているのはもちろんですが、離れられないほかの理由について考えてみましょう。

まずは、肩にいると飼い主さんが話しかけてくれたり、撫でてくれたり「いいこと」があるというケース。この場合、肩以外の場所でもいいことがあるとインコに教えてあげましょう。左のトレーニングのように、肩以外の場所にいるときに肩の上で起きるのと同じ「いいこと」（話しかける、撫でる、特別なおやつをあげるなど）をするようにします。こうして止まり木やテーブルの上、プレイジムなどの価値を高めていきます。肩から下りるのが不安とか、どこにいたらいいかわからないというインコもいます。その場合、不安の原因を取り除き、止まり木やタオルなどに慣らして安心できる居場所を増やしてあげましょう。

トレーニング 2

肩以外の居場所をつくる

1 肩から下りる練習

ここでは、おやつを使った方法を紹介します。おやつを使って、「肩の上から腕」「腕から手」というように徐々に肩から下りるよう誘導していき、手からテーブルの上に下りるという練習をしていきます。

▼

2 止まり木（スタンドタイプ）にいる練習

初めて見る止まり木は、数日前から部屋に置き見慣れさせておきましょう。おやつを止まり木のまわりにまいて、自由に食べられる状態にし、躊躇なく食べてくれるようになったら、止まり木の上でおやつを持った指をインコに見えるようにして構え、インコが近づいて来るのを待ちます。

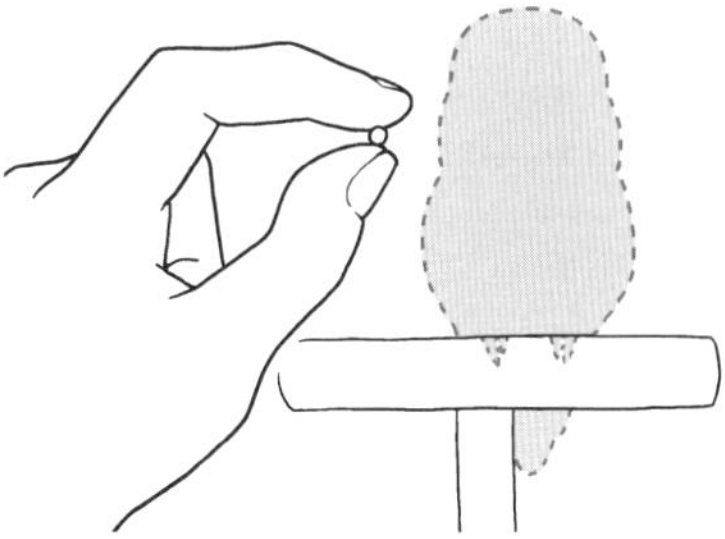

手の形

インコにとって手の形は重要な情報です。おやつを受け取った経験があるインコは、この手の形に反応して来てくれます。

▼

止まり木に来てくれたら、引き続きおやつをあげます。おやつは止まり木の上に滞在していているときにあげるようにします。下りてしまったら、そこではおやつはあげません。乗っているとよいことがあると覚えてもらいます。飼い主さんとの触れ合いが好きな子は、そこで褒めてあげたりいっしょに歌ったり遊んだりしてもよいでしょう。

止まり木に来てくれなかった場合、理由は止まり木が怖いとかおなかがいっぱいとかいろいろあります。来ないという選択を尊重し、もう少し前のステップに戻って練習します。

「オイデ」を教える意味

コミュニケーションをとりたいときなどに、「オイデ」でインコが来てくれると便利です。地震など災害が起こったときや万が一ロスト（鳥を逃がすこと）してしまったときも、「オイデ」で来てくれるようにしておくと、インコの命を守ることにつながります。

応用がきいて便利な「オイデ」を教えるのは難しくはありません。しかし、実際はなかなか来てくれないという飼い主さんが多いです。正確には「初めは来てくれていたのに、来なくなった」というのがよくあるケースです。考えられるのは、病院に行くときやケージに戻すときなど、主に人間が用があるときだけ「オイデ」を使い、インコにはメリットがないことが多かったせいかもしれません。呼んだら来てくれることを当たり前だと考えて、強化しなければその行動は消えてしまいます。それどころか、呼ばれて行ったところで嫌なことがあるとなると、呼んでも来なくなり、また呼ばれたときにこちらの様子をうかがい、よい知らせかどうかを確認してからしか来なくなります。呼んだらインコが来てくれるという行動の価値をしっかり理解し、覚えた後も強化を続けていくようにしましょう。

トレーニング 3

オイデの教え方

「オイデ」の行き先を決める

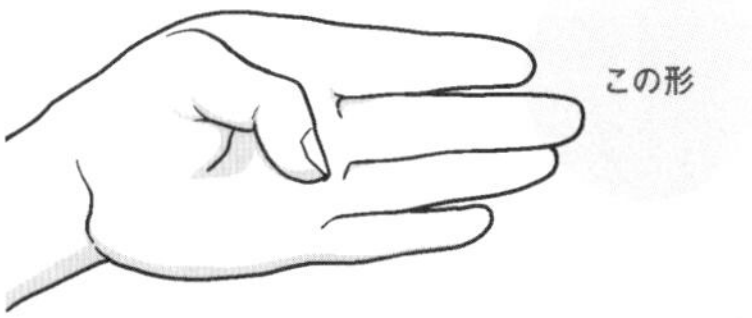

オイデでどこに来てほしいのか、行動を具体的に決めます。たとえば、手なら右のイラストのような形の手に乗るということを決めます。手の形を決めておくと、迷子の捜索を人にお願いするときに他人の手でも乗ってくれやすくなります。

手が苦手なインコであれば、手ではなく腕にしたり、止まり木やインコ用のリースなど物を代わりに使ったりしてオイデを教えましょう。

手の上でごほうびをあげる

まずは決めた形の手やリースの上で、おやつをあげるなどよい経験をたくさん重ねて、その「場所」を好きになってもらいます。

下りているときに再び乗ったらごほうび

インコがテーブルや止まり木などにいるときに、手やリースを見せると、よい印象があるので再び乗ってきたがります。「下りる→乗る→ごほうび」をくり返し、できるようになったら、徐々に手を遠くに出すようにしましょう。

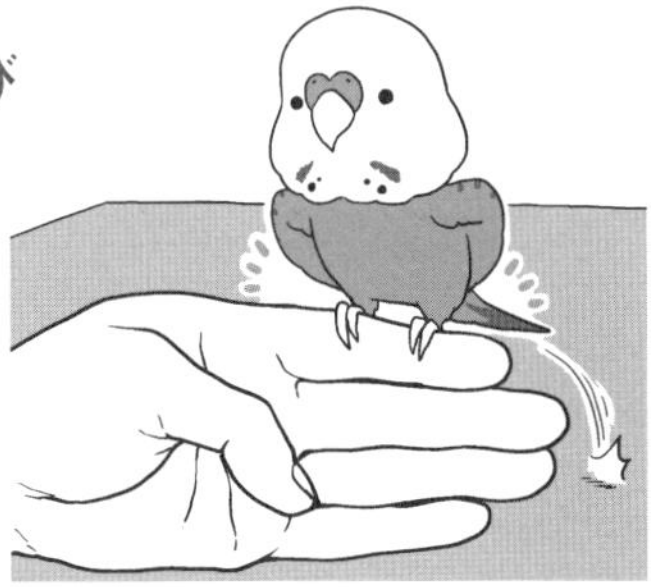

POINT

オイデを覚えたらいろいろな手の形で練習

この手の形やこのリースならほぼ確実に乗るくらいまで覚えられたら、今度は１本指にしてみたり違う形でも「オイデ」の練習をしてみましょう。

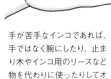

ケージに戻らないのはなぜ？

　ケージの中に戻らないということは、中にいる時間と外にいる時間を天秤にかけたとき、外にいる時間の価値のほうが高いという可能性があります。ケージの外にいると大好きな飼い主さんと触れ合えるし楽しい刺激がたくさんあるとなると、その楽しさが続いてほしいというのは自然な欲求です。しかし人間からすると、ケージに戻ってくれないと、他の用事を済ませられなくて困ってしまうのはもちろん、いざというときに鳥の安全を守ってあげられません。ケージに戻すために追いかけまわして捕まえたり、困った挙句ケージの外に出せなくなってしまったりというのはよくあるケースです。

　インコにストレスなくケージに戻ってもらうには、ケージの外にあって中にはないものを見つけることが大切です。インコは放鳥すると、どんなことをしていますか？　飼い主さんのところにまっすぐ飛んできていっしょに過ごしたり、部屋の中にお気に入りの場所があってそこで遊んでいたり、その行動が解決のヒントになります。行動からインコが求めているものがわかれば、ケージの中に何が足りないのかがわかるでしょう。

ケージの中に足りないものは？

人との触れ合い

ケージの外に出たときにだけ遊んであげて、中に帰ったらかかわらないとなると、「ケージに戻る＝飼い主さんとの触れ合いが断たれる」となってしまいます。

「戻って」を教えるヒント

放鳥時間終了の 15 分前くらいからインコとのかかわりを控えめにし、ケージに戻ってからしっかりかかわります。戻ってくれたらもう 1 回出してあげると、「戻ってもまた出られる」と学習して戻ってくれやすくなることも。普段からケージ越しに話しかけたり、遊んだりしてケージの中も寂しくないようにしてあげましょう。

おいしいもの

ケージの外にいるときだけおいしいものをもらって、ケージに帰ると通常のごはんしか出ないとなると戻りたくなくなります。

「戻って」を教えるヒント

放鳥時にあげるおやつはいつものものより少しランクを下げます。放鳥時間終了前はおやつをあげないようにして、ケージの中に特別おいしいおやつを入れておきます。普段も、ケージの中にいるときにおいしいおやつをあげて、ケージの中の価値を高めていきます。

アクティビティ

放鳥すると本棚に飛んでいってかじったり、カーテンをよじ登ったり楽しい刺激がいっぱい。一方ケージの中には何もなかったり、特に好きでもないおもちゃしかなかったり……。

「戻って」を教えるヒント

インコがどんな「イタズラ」をしているか注目し、それをケージの中でできるように工夫してあげます。かじるのが好きなら、似たようなかじり心地の素材やおもちゃをケージに入れてあげます（ただし、飲み込んだり発情につながったりしないか注意が必要）。

快適な空間

放鳥すると高いところから家族を眺めていたり、窓辺で日に当たっていたり、外にお気に入りのスペースがある。

「戻って」を教えるヒント

ケージの中でもお気に入りスペースのような快適さを得られるか工夫します。お気に入りが止まり木などなら、ケージに入れてあげられます。眺めのよさや心地いい光や風なら、それが得られそうな場所にケージを移動してもよいでしょう。

万が一のロストに備える

人間に飼われていた動物が、外の環境で生きていくのはとても難しいことです。特にインコが外に出ていけば、敵も多く命にかかわります。そのため放鳥する前には、窓やドアが開いていないかを必ず確認します。それでも、インコを逃がしてしまったときに備えておくことは、万が一のときにその命を救うことにつながるかもしれません。

まず、逃がしてしまったときは初動が大事です。家の中で飼われているインコは、それほど長い距離を飛んだ経験がありません。バーッと飛んでいってしまっても、近くの木などに止まっている可能性があります。このときにオイデが確実にできれば、いつもの手の形や合図により戻ってきてくれる可能性があります。ほかにも、左ページのようなトレーニングをしておくと、インコを探すときに役立ちます。

そして、人に協力して探してもらうときのために、社会化（→158ページ）をしておくことも大事です。オイデのトレーニングも、飼い主さんだけではなくいろいろな人が相手でもできるようにしておくとよいでしょう。

トレーニング 4

万が一に備えて教えておくこと

コンタクトコール

インコのペアや仲間は、鳴き声でお互いの居場所を確認しています。よく鳴く子であればそれを利用して、「ピーちゃん」と名前を呼んだら「ピッ」と鳴いて返事をしてくれるようにすることができます。

教え方

ケージの中でも外でも、インコが「ピッ」と鳴いたら「ピーちゃん」などと飼い主さんが答えます。

→

飼い主さんが「ピーちゃん」といってインコが「ピッ」と答えてくれたら、ものすごく喜んであげます。

POINT

社会的なかかわりが目的の場合は、返事をすることで強化できます。

上から下への「オイデ」

下から上へは飛んでいけても、飛ぶことに慣れていないと上から下へ飛ぶのは難しいようです。外に飛んでいって高い木の上に止まっていることに気がついても、下り方がわからず戻ってこられない場合があります。あらかじめ練習しておくと、心配がひとつ減ります。

教え方

オイデを教える要領で、ケージなどに止まっているとき、少し低いところに手を出して呼びます。

↓

少しずつ距離と高低差を広げていきます。

POINT

いろいろな場所から、いろいろな角度でオイデができるように練習します。

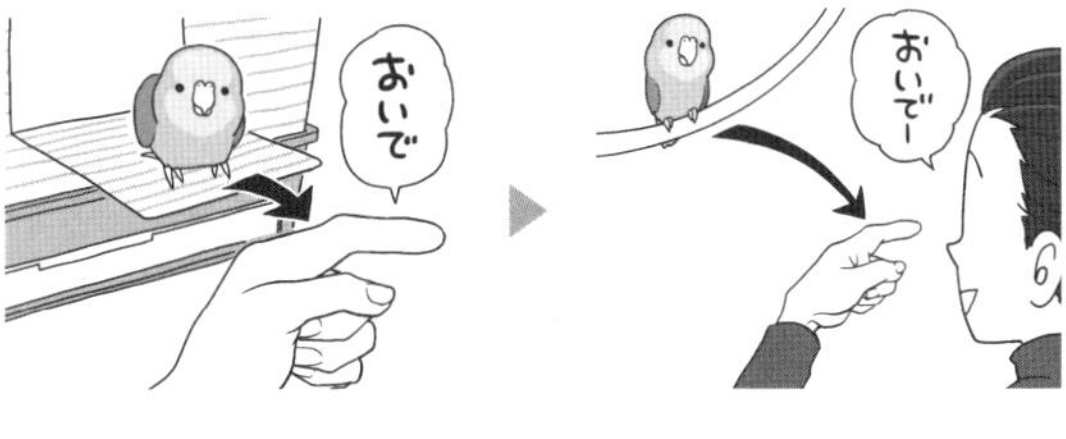

その他備えられること

あってはいけないことですが、万が一起きてしまった場合に帰宅率をあげることにつながる、普段からできる管理とトレーニングをいくつか紹介します。

社会化

特に飼い主さん以外の人間にならしておきましょう。迷子になったときにどんな人が見つけてくれるかわかりません。人間ならだれでも怖がらずに近づいていけると、それだけ保護してもらえる確率は高くなります。機会があれば、いろいろな人の手からおやつをあげてみてください。

キャリーに慣らす

キャリーがいい場所だと思っていると、インコが喜んで入ってくれるようになります。キャリーを置いておくことでインコが見つけて戻ってきてくれるかもしれませんし、他の人が保護したときでもすんなり入ってくれると安心です。

（キャリーに慣らす練習→ p.167）

好きなタオルをつくっておく

ひとつタオルをインコ用に準備して、その上で特別なおやつをあげたり遊んであげたりします。タオルの上ではいいことしか起こらないようにすると、そのタオルを広げると来てくれるようになります。迷子になったときにこのタオルをベランダなどに広げておくと、そこを目指して戻ってきてくれるかもしれません。目立ちやすいように派手めのタオルがおすすめです。

好きな音をつくっておく

コンタクトコールができて「ピーちゃん」と呼んだら答えてくれるインコでも、もしかしたら飼い主さんの声と違うと反応してくれない可能性があります。鈴など人の声に頼らないもので好きな音をつくっておくと、他の人が鳴らしたときにも反応してくれるかもしれません。トレーニングをしている子なら、クリッカーの音が好きです。また、鈴の音も好きなインコは多いです。音の鳴るおもちゃで遊んだりして好きな音をつくっておきましょう。

POINT

ペアのインコの声もOK

複数飼いのおうちでペアや仲よしのインコがいたら、その子の鳴き声を録音しておいて聞かせるのもアリです。きっと反応してくれます。

サイトやチラシをつくっておく

インコを探すときは初動が大事で、人に協力をしてもらう場合でも早めに動いてもらえればそれだけ助かる確率が上がります。できれば事前に、日づけを書き込むだけで発信したり印刷したりできる状態のサイトやチラシを用意しておくといいです。

POINT

呼び戻し方のマニュアルも用意

サイトやチラシに載せる情報は、インコの特徴の他に、呼び戻し方なども記載します。好きな食べ物やオイデの手の形、好きな音、どう呼んだら答えてくれるかなど、できるだけわかりやすく書いておきましょう。

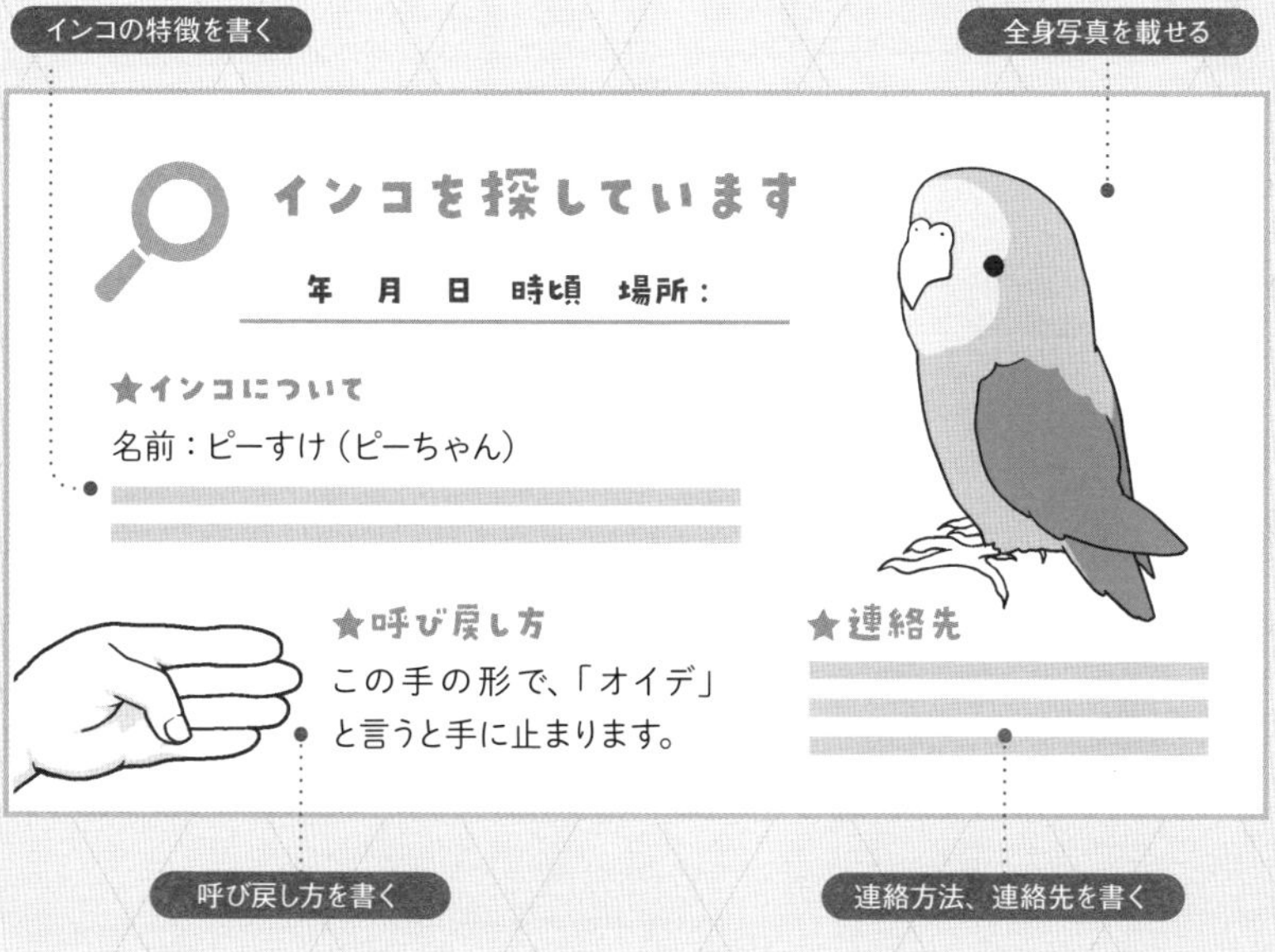

インコの特徴を書く
全身写真を載せる
インコを探しています
年　月　日　時頃　場所：
★インコについて
名前：ピーすけ（ピーちゃん）
★呼び戻し方
この手の形で、「オイデ」と言うと手に止まります。
★連絡先
呼び戻し方を書く
連絡方法、連絡先を書く

トレーニングを健康管理に応用する

トレーニングや芸はインコに必要ないと考える人もいますが、これらは飼い主さんとのコミュニケーションを深めるだけではなく、さまざまな場面で役立ちます。特に健康管理の面でストレスなく治療やケアを受けさせてあげられるというのは、飼い主さんとインコどちらにとっても助かります。

健康管理のために毎日の体重チェックは欠かせませんが、オイデや止まり木にいる練習ができていれば、体重測定も楽に行えます。また、必須でしておきたいのは、キャリーやプラケースに慣らしておくこと。病院に連れていくときにキャリーを使いますし、病気やケガで保温や安静が必要なときはプラケースを使います。入院時にプラケースを使う病院もあります。これらに慣れていないと、キャリーやプラケースに入っただけでストレスになったり、大暴れしたりと、さらに具合を悪くしてしまうことがあります。

161ページの手のトンネルくぐりは、遊びだけではなく保定に慣らすことにつながります。病院によっては保定にタオルを使うことがあるので、タオルを大好きな落ち着ける場所にするトレーニングもおすすめです。

トレーニング 5

健康管理に役立つトレーニング

足先ケア

「握手」を教えて足先を指に乗せてくれるようになったら、足先チェックや爪先へのヤスリがけ、爪切りの練習を進めていけます。ヤスリや爪切りなどの道具にも事前にしっかり慣らしましょう。

体重測定

放鳥時に体重を測るスケールの上でおやつを食べる時間を作り、慣れてもらうのもよいでしょう。練習をして止まり木が好きな場所になっていれば、止まり木をスケールの上に置くと乗ってくれるはずです。

プラケースに慣らす

中を遊び場にしてしまうのがおすすめです。中にインコの好きなおやつやおもちゃを置いて「楽しい空間」にします。上から入るのが難しい場合は、横に倒した状態で置いておきお気に入りのタオルなどをしいて、そこにおやつをまきましょう。

スプーンに慣らす

薬を飲むことを想定し、スプーンから食べたり飲んだりすることに慣らしておきます。好きなおやつやインコが飲んでも大丈夫な果汁100%のジュースを少しスプーンで与え、インコが自分から口をつけるように練習します。誤飲に注意しましょう。

インコのためのエンリッチメント

動物園や水族館などでは、動物たちに野生下と同じように多忙で充実した時間を提供できるよう環境を工夫する「環境エンリッチメント」の考えが取り入れられています。野生では食料を探したり敵から身を守ったりと毎日忙しく過ごします。一方飼育下では、食事も安全も人間によって提供されるため楽ではありますが、毎日の暮らしが変化に乏しく単調になりがちです。特にインコは群れをつくって暮らす生き物で、本来であれば仲間と連絡をとりあったりパートナーの心を読んで絆を深めたりと、人間と同じように日々認知力や思考力を駆使して生活しています。やることがなく頭を使う機会もないとなると、ただ退屈に過ごす時間が続くばかりです。毛引き（→186ページ）は野生下のインコには見られないといわれており、退屈やストレスが原因のひとつとされています。

「遊び」の時間を作ることは、インコの知的好奇心を満たし、充実した意義のある暮らしを送ってもらうために必要なことなのです。「A busy bird is a happy bird」といわれるように、毎日いかに質のよい忙しさを提供できるかがインコの幸せにつながります。

エンリッチメントの分類

① 採食

動物本来の採食行動を実現できるよう、食事内容を変えたり与え方を工夫したりします。
→フォレイジング（→ p.152）など

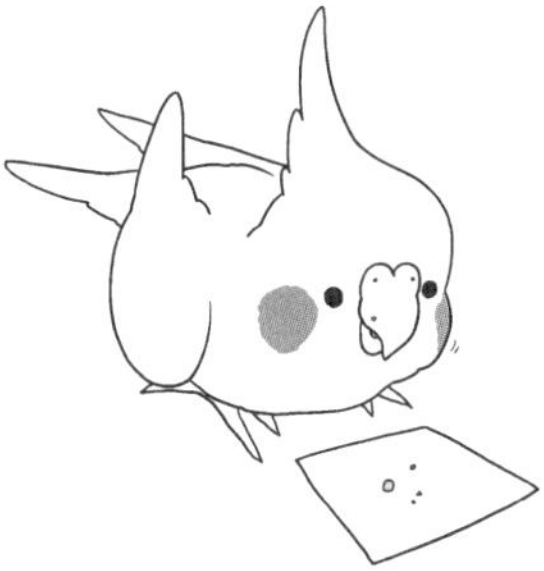

② 空間

動物の行動特性を考えた空間づくりをすること。木の上で暮らすインコであれば止まり木を複数設置して休息場所を増やすなど、生活する空間の広さだけではなく、内容を工夫する必要があります。

③ 感覚

視覚、聴覚、嗅覚といった五感を刺激することで環境変化をもたらします。たとえば、ごはんを入れる容器の色や形を変えたり、音楽を流したり、ちょっとした変化を与えるなどして感覚を刺激します。ただし、怖がる子には慎重に導入してください。

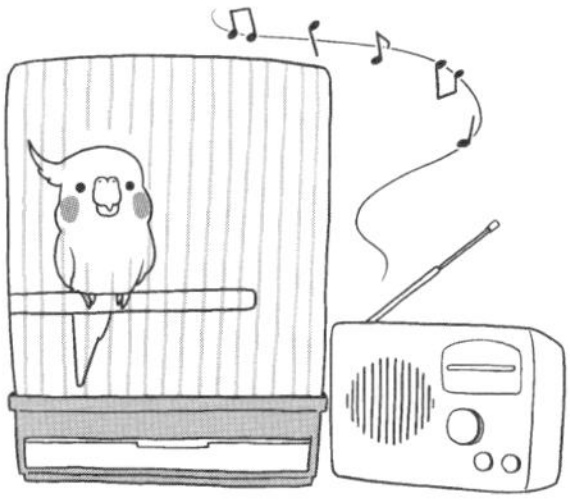

④ 社会的

同種の動物だけではなく他の種の動物とのかかわりも有効です。日々のかかわりを通して、人間と深く心を通わせるインコも多くいます。

⑤ 認知

知能が高い動物の場合、知性を刺激することもエンリッチメントになります。頭を使うおもちゃや複雑な課題を与えるなどの方法があります。

特に4の社会的、5の認知に関するエンリッチメントは、バードトレーニングによっても提供できます。

ひとり遊びはできますか？

ひとり遊びはインコの楽しみを増やしてくれて、他にすることがない退屈から起きる問題行動の予防に役立ちます。しかしおもちゃをただ用意しても、インコはそれだけでは遊んでくれません。ケージの外で飼い主さんといっしょなら遊ぶのか、ケージの外に出ても飼い主さんにべったりで遊ばないのか……。状況をチェックしていくと遊ばない本当の理由がわかってきますし、それによってそれぞれ対策が変わってきます。

　まずチェックしたいのは、飼い主さんの体から離れて一羽でいることができるかどうか。飼い主さんの体と触れていないと不安だと、遊びたい気分にはならないでしょう。留守番したり入院したりして離れなくてはならないこともあるため、コンパニオンバードとしては一羽でいられるスキルはあったほうがいいです。また、おもちゃが何をするものかわからないとか、怖くて遊べないという理由も考えられます。人間はおもちゃは遊ぶものだと理解していますが、インコにとっては初めて見たよくわからないものは警戒すべきものになります。ひとり遊びができるようになるにはどうしたらいいか、考えていきましょう。

ひとり遊びタイプチェック

一羽 OK

人と離れていても、騒いだりせずに落ち着いていられる。

おもちゃなど OK

おもちゃや新しいごはんなど新規のものでもそれほど警戒しない。

>> いろいろなエンリッチメントを用意して、遊びのバリエーションを増やしていきましょう。飽きてしまうと遊ばなくなってしまいます。適度な難度のものを用意してあげて、達成感を感じてもらうことが大切です。

おもちゃなど NG

おもちゃなど見慣れないものは怖がる。

>> インコが怖い思いをしないように、与え方などは飼い主さんが管理をして、少しずつ慣らしていきましょう。
→ p.148「なぜおもちゃで遊ばない?」参照

一羽 NG

人と離れると落ち着かず、鳴いたり騒いだりする。

おもちゃなど人がいれば OK

人といっしょならおもちゃなど新規のものでも遊べる。

>> 飼い主さんと離れていられるトレーニングをしながら、新しい遊びも教えていきましょう。
→ p.150「人と離れていられる子に」参照

おもちゃなど人がいても NG

人がいても、おもちゃなど見慣れないものは怖がって逃げる。

>> 今は怖いものが多く、飼い主さんと離れるのが不安な状態なので、少しずつ遊びや飼い主さんと離れることに慣らしていき、「大丈夫」を増やしていきましょう。
→ p.148、p.150 参照

POINT

人になれていないインコの場合は

まだ安心して遊ぶことができないかもしれません。怖がらないもの、できるものから始めて自信をつけてもらうことが大切です。人が怖くてもおもちゃは平気という場合もあります。そうであれば、さまざまなおもちゃを提供します。人になれてもらう練習は、まずはケージ越しから始めるとよいでしょう。(→ P.122 参照)

なぜおもちゃで遊ばない？

行動には機能（理由、目的）があります。インコが行動する理由は2つ。「好きなものを獲得する」ためか、「嫌なものを遠ざける」ためです。おもちゃで遊ぶときも、それでインコが何を得られるのかを考えることが大切になってきます。おもちゃで遊ばない理由としては、①怖い　②使い方がわからない　③それによって得られるものが自分の欲しいものとは違う　④他に関心がある　などが考えられます。それぞれにあった対応をすることで、インコが遊んでくれるかもしれません。

①→見たことがない警戒すべきものは距離をとるのが普通です。左の「開封の儀」を参考に徐々に慣れてもらいましょう。

②→小さなステップに分けて、インコに使い方を教えていきましょう。

③→くちばしを使って木を破壊したりしたいのにアクリル製のおもちゃだったなどという場合。インコの好む遊びを普段から観察し、その遊びの要素が入ったものを選びましょう。

④→おもちゃより飼い主さんに関心がある場合、飼い主さんがいっしょに遊んだり、インコがおもちゃに関心を示したら、たくさん褒めてあげると楽しんでくれるでしょう。

おもちゃ開封の儀

ポイントは、インコが近づくかどうかを自分で決められることです。

1. インコが落ち着いていられる距離におもちゃを箱に入れたまま置いて、その場でおやつをひと粒あげる。
2. 箱のふたを開けたら、またインコにおやつをひと粒あげる。
3. 中身を取り出して置いたら、またまたインコにおやつをひと粒あげる。

※このように、ワンアクションごとにおやつをひと粒ずつインコにあげていきます。
この間、決しておもちゃのほうをインコに近づけたりしないこと。インコから近づくのは OK。

POINT

おやつや褒め言葉でよい経験にする

このようにワンアクションごとによいことがあると、インコはだんだん前のめりになってきます。怖いと下がってしまった場合はそこで一旦撤収してください。

次のステップに進む目安

- リラックス
- 前のめり
- スピード(動きが速め)

インコがいつでもストップボタンを押せるように

遊ぶときもインコの小さい「イヤ」を見逃さないようにしましょう。怖い思いがあれば楽しく遊ぶことはできません。「イヤ」というボディサインが見られたら、今行っていることはストップしてください。自分の行動で飼い主さんを止めることができたという経験は、インコに安心と自信を与えてくれ、飼い主さんへの信頼感も増します。

人と離れていられる子に

元々群れで暮らすインコは、一羽でいることが苦手になりがちです。人がいなくなると大きな声で鳴き叫んだり、ごはんが食べられなくなってしまったりする子もいます。しかし、人は常にインコといっしょにいてあげられるわけではないので、家庭内のインコにはひとりでいるスキルは必要です。飼い主さんだけではなくインコのためにも、ひとりでも落ち着いていられる練習をしていきましょう。

まず、インコがひとりでも落ち着いていられるのはどんなときか確認します。「人が同じ部屋にいればひとりでも大丈夫」なのか、「同じ部屋にいて常に注目している状態なら落ち着いていられる」のか、それぞれ落ち着いていられる条件は違います。そして、その落ち着いている状態のときに、フォレイジングやひとり遊びなどできることを増やしていきます。大好きなおやつを食べている間、飼い主さんがスマホを見ていても食べられるか？　一瞬部屋から出たらどうか？　ちょっとずつ試していき、離れていても食べられるという経験を増やしていきます。もし、放鳥中もべったり構いすぎているようなら、ひとり遊びを教えて少し離れている時間も作りましょう。

一羽でも大丈夫な時間をのばす

POINT 1

お迎えしたときから慣らしておく

分離不安による呼び鳴きや毛引きなど、ひとりで過ごせないことによる問題は、起きる前にまずは予防が大事です。できればお迎えしたときから一羽でもいられる練習をしておきましょう(→ p.164)。

POINT 2

「人は離れても戻ってくる」ということを理解してもらう

一羽で落ち着いていられない場合は、まずはインコが落ち着いている状態をキープして、「視線を外し背中を向ける→すぐに振り向く→少しケージから離れる→すぐに戻る」というように「一瞬離れて戻る」をくり返します。

POINT 3

少しずつ大丈夫な時間と距離をのばす

インコが落ち着いていられる状態からスタートして、細かくステップを踏みながら少しずつ離れていられる時間や距離をのばしていきます。呼び鳴きしたり騒いだりする前に戻ってくるようにします。

POINT 4

トレーニングや遊びで自信をつける

人にべったりで過ごしているなら、少し離れる時間を作ります。プレイジムや止まり木などを利用するとよいでしょう。そこにいてもらうために、お気に入りのおもちゃやフォレイジングトイを置いてみます。それらで遊んでくれるようであれば、時おり褒め言葉をかけます。またトレーニングの機会を作るのもおすすめです。こうして少しずつ、離れていても大丈夫だという自信をつけてもらいます。

注意

おやつを使う場合は少し注意が必要です。インコが求めているのが飼い主さんの存在であれば、おやつをもらっても喜びは少ないですし、おやつと飼い主さんの不在とを関連づけて、おやつが出ると不安になるという状態になることもあります。

フォレイジングにチャレンジ

「フォレイジング」は、食餌探し、採食行動のことです。野生下のインコは食べ物を獲得するために多くの時間を費やしています。食べ物を探すために飛んだり歩き回って移動したり、見つけた食べ物をつついたり、かじったり、もしかしたら餌場を巡って他の鳥との争いもあるかもしれません。このように食べ物がインコの口に入るまでにはさまざまな苦労があります。しかし喜びもある充実した時間のはずです。一方飼育下のインコは、人間がごはんを用意してくれるため、あっという間に食べ終わってしまい、退屈な時間が多くなってしまいます。

動物園などでは環境エンリッチメントの一環として、食事の種類を増やしたり与え方を工夫したりするフォレイジングを取り入れて、日々を充実させる取り組みが行われています。家庭でもフォレイジングのアイデアを取り入れると、インコに探したり考えたりする楽しみができ生活を豊かにすることができます。「仕事」があるおかげで、退屈な時間が多いことから起きるとされる毛引き、過発情、呼び鳴きなどの問題を防ぎ、充実した時間作りが可能になります。

フォレイジングの教え方

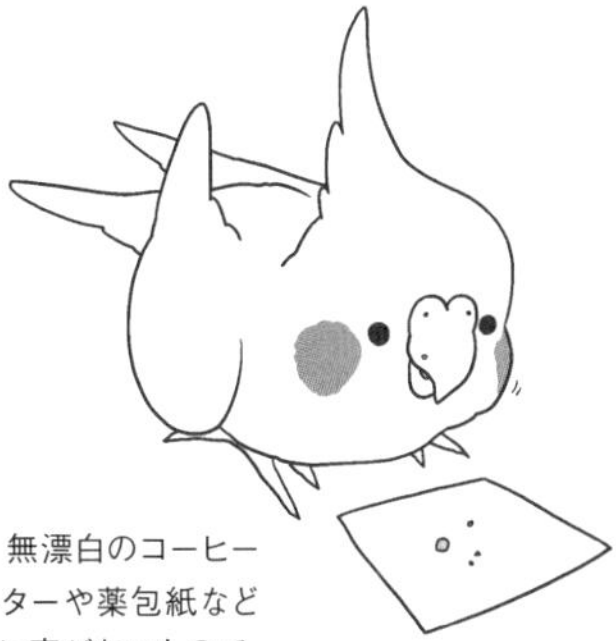

紙は、無漂白のコーヒーフィルターや薬包紙などインコに害がないもので。

フォレイジングトイをいきなり見せられても、インコは遊び方がよくわかりません。簡単なところから始めて、少しずつ難度を上げていくようにしましょう。
たとえば紙包みのフォレイジングに初めて挑戦するときは、紙の上におやつを数粒置くところから始めます。

POINT

途中ヒントをたくさん出して、必要ならお手伝いしながら進めていきましょう。最初のうちは失敗するとつまらなくなってやらなくなってしまうので、たくさん成功体験をさせてあげて、インコのやる気を引き出していきます。

今度は、紙の下におやつを隠します。おやつを隠すところはインコに見せてOKです。

おやつを取り出せたら、次は紙を一回折ってその中におやつを隠します。

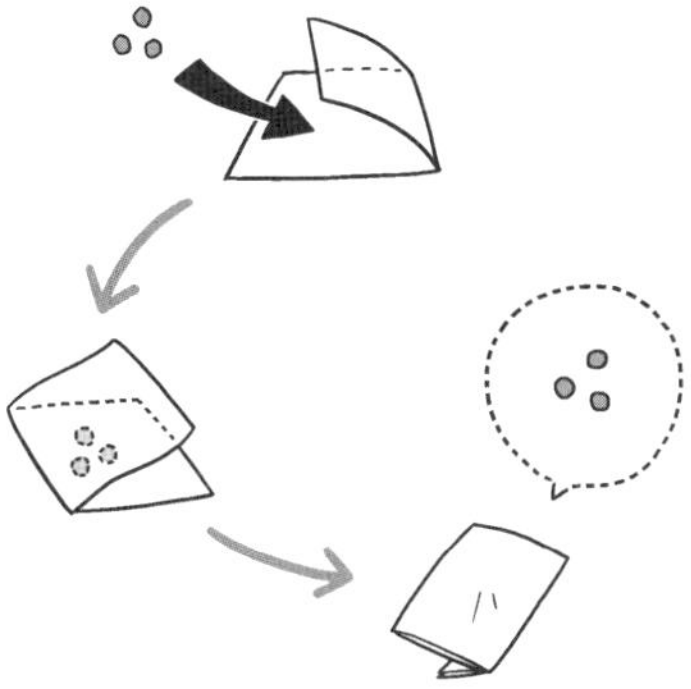

その次は折り目をインコのほうに向けて向きを変えないととれないようにして、少しずつ折り目を増やして難度をあげていきます。

POINT

成功すると、それが自信になって次のチャレンジへと促してくれます。慣れてきてすぐに課題がクリアできるようなったインコは、さらに難度が高いものを用意して知的好奇心を刺激しましょう。

※フォレイジングを取り入れる際は、きちんと食べられているか必ず確認しましょう。仕組みが難しすぎたり、遊ぶだけで食べていなかったりも考えられます。日々の体重測定とセットにすると、よりよい健康管理につながります。

フォレイジングのアイデアあれこれ

市販のフォレイジングトイもありますし、手作りしてもいいです。
また、ごはん入れを増やしたり、中に何か入れて探しながら食べたりするのも
フォレイジングのひとつのアイデアです。

紙で包む

p.153 のように最初はおやつを包んでいるところをインコに見せます。慣れてきたら、キャンディーのように包んだり、こよりのようにねじって隠したり変化をつけてみましょう。

ケージにセットする

フォレイジングトイをケージの中にセットすると、一羽時間でも楽しめます。紙でおやつを包んで隠したものを、ケージの柵や止まり木などあちこちに結びつけておくのもOK。

POINT

1日に必要な食事量がきちんととれるように、慣れないうちは1日の食事量+フォレイジングで食べる量とします。慣れてきたら、フォレイジングで使用するフードやおやつの量は、1日に与える食事量からマイナスして食べさせすぎないようにしましょう。毎日の体重測定で管理すると安心です。

障害物を入れる

普段食べているごはん入れの中に、いつものごはん以外のものを混ぜて入れます。「障害物」をよけながら食べることで、探す楽しみができ、かつ早食いでのどに詰まらせることを防げます。最初はインコが怖がらないものを1、2個入れるところから始め、しだいに数を増やしたり、異なるものを加えたりして難度を上げていきます。混ぜる素材は、ヒエやアワなどの穂や茎、乾燥野菜、ハーブ、おもちゃのビーズなど。

※インコが誤嚥しない大きさのものを選びます。

市販のフォレイジングトイを使う

ボール状で転がすと小さな穴からおやつが出てくるタイプのものや、ケージにセットしてゆらすことでおやつが出てくるものなどいろいろな形状、遊び方のものがあります。

POINT

一度攻略してしまうと慣れて難なくおやつが取り出せるようになってしまいます。そうすると楽しみも半減するので、フォレイジングトイは定期的に交換します。手作りする場合は、破る、振る、引っ張る、踏むなど、採食のためにインコがする行動から考えたおもちゃを作ると変化をつけやすくなります。 また、色や形、素材、置き方や設置場所を変えることで新鮮な刺激になります。

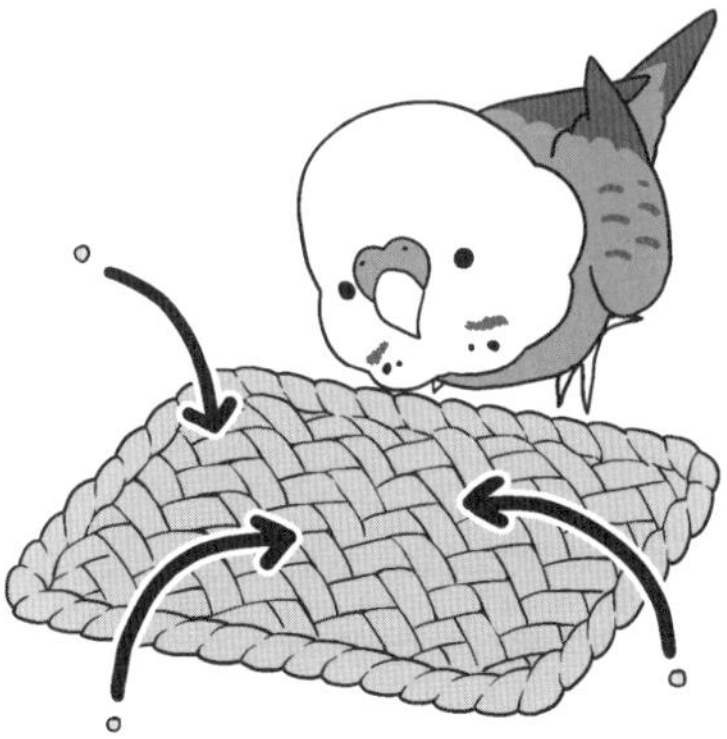

マットの中などに隠す

いぐさなどインコがかじっても安心な天然素材でできたマットやボール、ネットといった市販品におやつを隠してフォレイジングトイにするのもありです。

サラダバーにする

インコの食生活に新鮮な野菜を取り入れることは推奨されています。色とりどりの野菜はインコの視覚的な楽しみにもなります。シードを混ぜこんで探せるようにするのもよいでしょう。お皿に盛るだけではなく、挿して立てると立体感が出てバリエーションが作れます。野菜嫌いの子におもちゃ代わりに置いておくと、暇なときに少しかじったりするうちに食べてくれるようになることもあります。紙などを食べてしまうという子にも野菜のおもちゃはおすすめです。

インコには遊びが必要

ひとりで遊べてもインコの遊び仲間がいても、飼い主さんと遊ぶことはインコにとって大きな楽しみです。インコは仲間といっしょに行動することを好みます。仲間である飼い主さんと楽しい時間を共有すると、インコの心は満たされます。放鳥中は、ひとり遊びと人と遊ぶ時間が半々くらいになるようにするとバランスがいいです。そしてインコと遊ぶときは、他のことをせずインコに集中しましょう。いっしょに遊ぶ時間がたとえ短くても、集中して遊べるとインコも満足します。

好奇心旺盛でガンガン遊びたいインコにとって、飼い主さんは楽しさをたくさん提供してくれる相手です。反対に怖がりなインコにとっては、怖いもの（おもちゃなど）を管理してくれる心強い相手になります。人と遊ぶことはどちらのタイプのインコにとっても、信頼を深めることにつながります。

放鳥中何をして遊んだらいいかわからないという人には、トレーニングがおすすめです。インコにとってトレーニングは飼い主さんとの楽しい遊びです。遊びでありながら、生活に必要な行動も身につけてもらうことができるので、インコにも人にもメリットがあります。

さまざまな遊び

ひとり遊び

● フォレイジング ● おもちゃ ● プレイジム ● 探索　など

プレイジムは、ケージの外に作った遊び場のこと。市販のものもありますが、箱や木材などで手作りしても OK。やはり作って置いておくだけでは遊ばないので、好きなおやつやおもちゃを置いて魅力を高めたり、おやつを隠してフォレイジングの機会にしたりして、お気に入りの場所にします。

人といっしょの遊び

● トレーニング ● 歌 ● 芸を教える (→ p.160)
● 言葉を教える　　など

歌や人の言葉を聞いたり覚えたりするのが好きなインコには、教えてあげるのもおすすめ。ただし、歌や言葉を覚えるかどうかは個体差がありますし、インコが覚えたいと思わなければ覚えないため、無理に教えるのは NG。

インコが落とした物を拾ってあげてまた落としてをくり返したり、インコが自然にした行動を遊びにつなげるといろいろな遊びが生まれます。

POINT

遊びもインコに選んでもらう

人の場合もそうですが、無理に遊ばせることはできません。フォレイジングやプレイジムを用意したりして遊びに誘っても、なんとなく気分が乗らない日もあるかもしれません。探索に忙しくて飼い主さんのそばに寄りつかないこともあるでしょう。ひとり遊びと人との遊びは半々が理想といいましたが、その日の気分でインコに選んでもらい、楽しそうに過ごしてくれる形を見つけましょう。

いつでも、どこでも、だれとでも

社会化とは、インコがコンパニオンである人間の生活環境下で上手に生きていくことを教える過程です。社会化が不足しているインコにとって、見慣れぬものとの出会いは怖くてしかたがないものかもしれません。コンパニオンアニマルである犬は、幼少期の適切な時期に社会化されなかったことが成長後の過度な恐怖心や攻撃行動などの問題の原因となることがあります。インコも同じで、社会化不足はさまざまな問題につながります。早期社会化は重要で、巣箱から出てきた瞬間からいろいろな人間、家庭で経験するあらゆる物や音などの刺激に触れるとよいとされています。社会化について正しい知識をもった人の元で育ったインコをお迎えするのが理想的で、新生活への移行もスムーズになるでしょう。社会化は生涯に渡って必要で、怖がりな子でも、ゆっくりと時間をかけながら、さまざまなよい経験を重ねていってあげることが大切です。病院に連れていったり、誰かに預ける必要ができたり、どんな環境の変化があるかわかりません。それを見据えて、「いつでも、どこでも、だれとでも」大丈夫な子を目指し、よい社会経験の機会を作りましょう。

環境の変化に強くなろう

新しい刺激との出会い

目新しいものがあるときはよい社会化練習の機会です。また怖いものがある場合も同様です。落ち着いていられる安心距離をとり、インコのペースを尊重しながら、少しずつ慣らしていきます。インコが興味を示して近づいてくれるのが理想的です。

POINT

インコに「怖い」という経験をさせないように、無理なくできるところから始めましょう。トレーニングと同じで、後ろに少し引いたり体が固まったり「イヤ」のサインが見られたら引くようにします。

他の人にならす

主にお世話をする飼い主さんにはなついているけれど、他の家族や他人は無理だと飼い主さんに何かあったときにインコが困ります。他の人も飼い主さんと同じように怖くないということを教えてあげましょう。こんなときトレーニングで身につけた行動が役に立ちます。

トレーニングする

トレーニングはインコのペースで進めます。その過程で無理なく自然にさまざまな経験をするので、経験値が上がり、異なる環境にも自信をもってくれるようになります。ひとつひとつがインコにとって楽しい経験になるようにしましょう。

お出かけに慣らす

まずはキャリーを大好きな場所にする練習をしましょう（→ p.167）。お出かけすることにより、見知らぬ人と会い、知らない場所、乗り物、季節の移り変わりなど、家ではできない経験ができます。刺激に圧倒されないよう、徐々に慣らしてあげます。

いろいろな食を経験する

ペレット、シード、野菜などいろいろな食を経験することで、バラエティに富んだ食生活を送ることができます。インコの好みがわかるので、特別に好きなものはトレーニングや食欲がないときに役立つでしょう。あまり好まないものでも、フォレイジングの素材にしのばせたりすることで「ちょっと食べてみようか」と食の世界が広がるかもしれません。食の経験には、場所を変えたり、入れ物を変えたりも含まれます。

芸は身を助ける？

トレーニングの要領で、インコに芸（トリック）を教えることは可能です。しかし芸は、「オイデ」や「戻って」のようにできなくても困らないので、何のために教えるのか疑問に思うかもしれません。芸を教える大きな目的はトレーニングと同じで、練習を通じて人とインコとの関係を深めることです。そして、いろいろな道具を使って練習していく過程で、見知らぬものは怖くない、安心していいものだと伝えていく目的もあります。また、芸がきっかけになって、他人や慣れない場所に対する緊張が解けるという利点もあるのです。

たとえば輪投げの芸を教わっていれば、知らない人に指をピンにしてもらうと「ああ、それなら知ってます」といっしょに輪投げを楽しめます。芸がインコと人間の共通言語になってくれるのです。

いろいろな芸を教えてみよう

ターン

まずおやつを持った手についてくる練習をします。1歩でも2歩でもついてきてくれたらすぐにおやつをあげます。最初は360度いきなり回りきるのは難しいと思うので、まずは90度、180度と距離を伸ばしていきましょう。インコがついてくることを確認しながらゆっくり回すとよいです。

トンネルくぐり

インコが躊躇するようであれば、トンネルの輪を大きくしたり、手の高さを上にしたりしてプレッシャーを少なくすると成功しやすいです。最初からくぐり抜けるのが難しい場合は、トンネルに関心を示したらクリック&おやつ、近づいたらクリック&おやつのように、徐々に目標に近づくようにしましょう。

レトリーブ

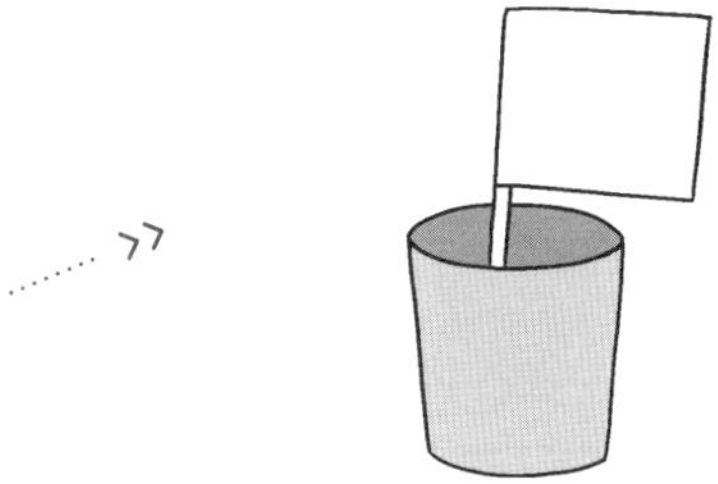

ゴールから教えましょう。インコがくわえやすいアイテムを選び、入れ物や手の上からインコに渡します。口から離して下の入れ物や手に落ちると、それが最終目標の形になるので、クリック&おやつ。

それが上手にできるようになったら、入れ物や手の位置を1㎝ほどずらして、その上に落とせたらクリック&おやつ。外してしまったら何もせず、もう1回チャレンジ。こうして持って行く先を徐々に遠ざけていくことで、長い距離を運んでもらうようにします。

column

知っておきたい「般《はん》化《か》」と「弁《べん》別《べつ》」

「般化」は、条件づけされた刺激以外の似たような刺激に対して同じ反応が生じることです。たとえば、過去に犬に追いかけられた経験がある人が、犬であればどんな犬でも怖がるようになるなどです。
反対に「弁別」は、似たような刺激の中から特定の刺激にだけ反応することです。動画を再生したいときは三角の（▶）ボタンを押して、ストップしたいときは四角の（■）ボタンを押すなど、この場合は形を弁別して反応しています。

人間は「般化」が得意ですが、インコは得意ではありません。代わりにインコは「弁別」が得意です。たとえば、ターゲットのトレーニングをしていて、ターゲットスティックをデザイン違いのものに変えたりすると、何をしたらいいのかわからなくなってしまうことがあります。ただし、デザインが違うスティックだけではなく、ほかの割りばしや綿棒などいろいろなものでターゲットトレーニングをしていくと、「細長い棒状のものの先にくちばしをつけるといいことがある」という般化による学習が進んでいきます。

弁別の例

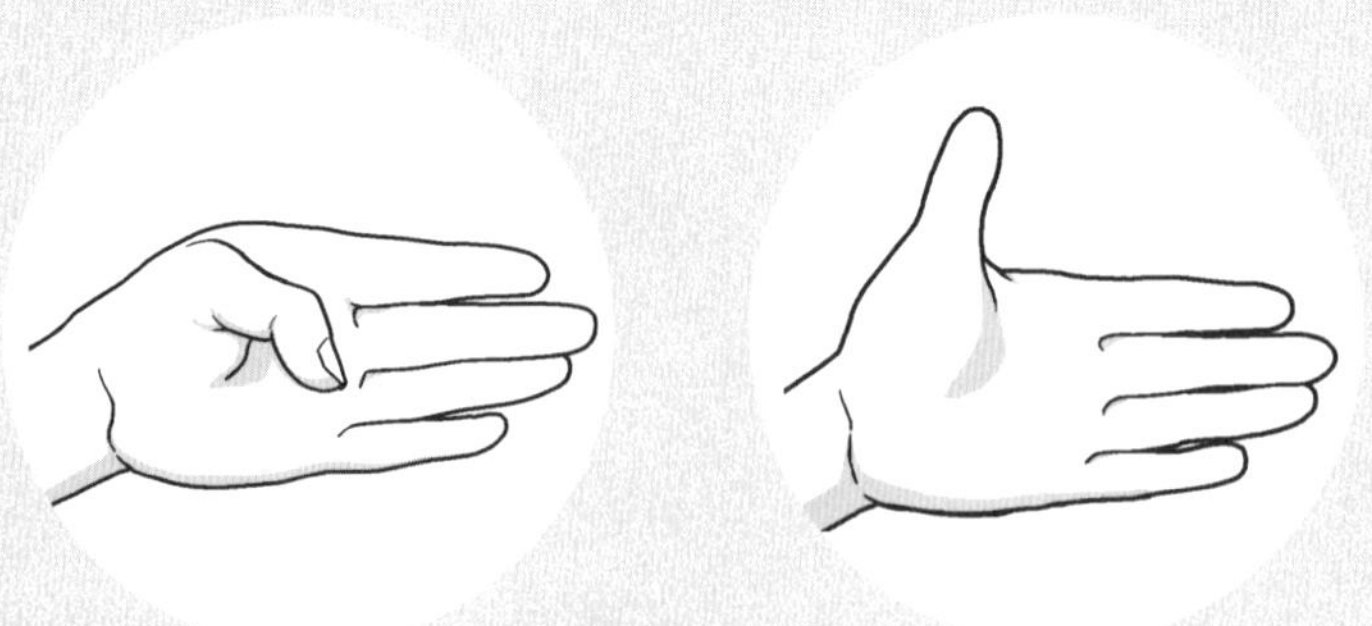

この手の形だと止まるけど　　この手の形は違う

5章

こんなときどうする？

インコと真剣に向き合うからこそ
悩みが生まれることもあるかもしれません。
インコの飼い主さんに多いお悩みと
その対策をまとめてみました。

QUESTION

Q

お迎え直後にしておきたいこと

新しい環境にやってきたばかりのインコは、不安でいっぱい。インコが無理なく新生活になじめるよう手助けをするために、お迎え直後は休暇をとるなど数日はずっといっしょにいられるようにしておくことをおすすめします。

　その際、インコがこの後送ることになる通常の1日をシミュレーションし、インコを観察します。朝ご飯、放鳥時間、家族がいるときのケージ内での様子、就寝時など、インコがどういった行動をするのかを見ておくと、問題になりそうなことがあれば予防のための対処もできます。仕事や買い物などで飼い主さんが不在にする時間があれば、そのための練習もします。まずは、一羽になったときインコがどんな行動をするのかを把握しましょう。留守中フードを食べてくれるのか、部屋を出るときにおもちゃやおやつを置いていったら使ってくれるのか、鳴き出す、落ち着かないなど不安そうな様子はないかなども重要な情報です。インコは群れで暮らす生き物なので、一羽でいることは基本的に苦手です。その気持ちを理解して、ひとり時間の練習を進めていきましょう。次のページではひとり時間の練習の方法をご紹介します。

インコをひとりにする練習

落ち着いた状態からスタート

ひとりでいる練習は、はじめはだれかが部屋の中にずっといてインコが落ち着いているところからスタートします。

POINT

この練習をするときは、人がいる時間といない時間に差をつけないようにします。人は同じ部屋にいてもインコに構いすぎず、別のことをして過ごしたりします。

少しひとりにしてみる

人が短時間部屋の外に出て、部屋の中にひとりでいるという時間を作ります。人は外に出てもすぐに戻ってきます。何回かくり返していき、少しずつ部屋の外にいる時間をのばしていきます。

POINT

ひとりでも食べたり遊んだりできる子なら、ひとりにするときにおやつやおもちゃを入れていきましょう。ひとりだと不安な子には、おやつやおもちゃが人がいなくなる合図になり、そこからパニックが始まったりするので要注意です。落ち着いていられる短い時間での練習をくり返し自信をつけていきます。

ひとりで大丈夫な時間をのばしていく

人がいなくなる時間をのばしていっても大丈夫か、様子を見ながらひとりでいることに慣らしていきます。5分、10分と少しずつ時間をのばしていき、数時間ひとりでいるところまで練習します。

QUESTION Q

キャリーに入ってくれません

キャリーに入らない理由は、慣れていないという場合もありますが、多いのがキャリーに嫌な印象がある場合。病院へ行く前にキャリーになかなか入ってくれないため、おやつで釣って入った途端に閉じ込める、または捕まえて無理矢理入れるということをくり返していると、キャリーに嫌な印象がついてしまいます。また、おやつにも嫌な印象がついたり、捕まえる人に不信感を持ってしまったりするかもしれません。キャリーは災害時の同行避難でも入ってもらう必要があるので、万が一に備えてストレスなく入れるようにしておきましょう。

そのために、キャリーは日常的に生活の中にあるものとし、そこでのよい経験を増やすことが大切です。キャリー内をおいしいものが食べられる「レストラン」にしたり、お気に入りのおもちゃを設置した「遊び場」にしたり、出入り自由にします。日光浴や病院以外のお出かけに使うのもいいでしょう。キャリーが病院に直結する「怖い場所」という経験より、インコにとって「楽しい場所」の経験を増やしていくことで、キャリーが大好きな場所となり喜んで入ってくれるようになります。

キャリーに慣らす練習

① 放鳥時、キャリーを出しっぱなしにしておく

キャリーに怖いイメージがある場合、まずは存在に慣れてもらうことからスタート。このとき絶対に無理をしてインコを近づけてはいけません。扉は開けっぱなしでOK。

② キャリーに好物を山盛りに入れておく

扉は開けたままで、アワ穂などインコが好きなものを山盛りに入れておきます。数日は警戒して近づかないかもしれませんが、インコのペースを見守ります。キャリーの外から首だけ伸ばしておやつを食べたり、扉部分に乗って食べたりするようになるので、徐々に落ち着いて食べられるようになるまで続けます。

③ おやつをずらす

おやつの位置を中に入ったら食べられるくらいの場所にずらします。中に入ってリラックスして食べられるようになったり、自由に出入りできるようになるまで見守ります。

④ 1秒だけ扉を閉めてみる

③がクリアになったら、「ちょっと閉めるよ～」と声をかけて1、2秒扉を閉めてみて、同時にキャリー越しにおやつをあげます。扉を閉める時間を3秒、5秒と少しずつのばしていきます。

⑤ 少しだけ持ち上げてみる

扉を閉めても中で落ち着いていられるようになったら、キャリーをほんの5～10㎝くらい持ち上げてみます。このときも、キャリー越しにおやつをあげます。

⑥ キャリーで移動してみる

⑤がクリアになったら、キャリーを持って部屋の中を歩いてみます。落ち着いているようなら、窓越しに日光浴や、短時間短距離の外出などで様子を見ていきます。外に出る際は、扉をナスカンで止めるなど万が一の迷子防止策を忘れずに。

噛みつきを治したい

インコはくちばしを使ってさまざまなコミュニケーションをとります。「噛む」こともコミュニケーション手段のひとつです。

噛みつきは困った行動のひとつでもあるので「止めさせたい」となるのですが、単純に噛む行動をやめさせると、インコが噛むことで人間に伝えたかったことがないがしろにされ、フラストレーションを感じるでしょう。

行動には必ず理由（機能）があります。噛むことにももちろん理由はあり、噛むという方法で人に何かを伝えようとしているのです。それを知るためには、噛んだ直後に何が起きたかを考えてみます。たとえば、手を出すことで噛まれたとします。噛まれた直後、飼い主さんはとっさに手を引っ込めました。手が遠のくというのが、インコの望む結果であれば、手を遠ざけたいときには噛めばよいと学習し、同じ状況で「噛む」行動がくり返されるようになります。

よくある噛む状況を左のページで表しました。噛む直前の状況と噛んだ直後に起きたことから、どの噛みつきが当てはまるか考えてみてください。理由がわかれば、インコの気持ちに沿った対策を考えることができます。

噛む原因を知ろう

【噛むことでインコは何を伝えようとしている？】

A きっかけ ▶▶ B 行動 ▶▶ C 結果

A 飼い主さんが手を出す ▶▶ B 噛む ▶▶ C 手が遠のく

インコが伝えたかったこと

「手は怖い」「今は手にのりたくない」「近くに来ないで」

▶▶ **人や人の手を避けたい　→対策①へ** （p.170）

A きっかけ ▶▶ B 行動 ▶▶ C 結果

A 放鳥中、飼い主さんがインコを放っておいた ▶▶ B 噛む ▶▶ C 飼い主さんが「痛い！」と騒ぐ

インコが伝えたかったこと

「退屈でつまらない」「私と遊んで」「こっちに注目して」

▶▶ **人の関心、注目をこっちに向けたい／退屈→対策②へ** （p.172）

その他に噛む理由で多いもの　発情→対策③へ （p.173）

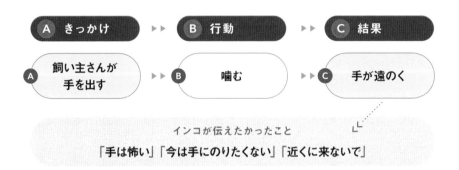

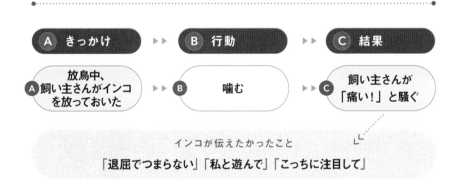

対策❶

人や人の手を避けるために噛む場合

噛む直前、インコの状況はどうだった？

- インコの目の前に手が出てきた
- 無理に捕まえられそうになった
- カキカキされそうになった

→ **A 人や手に不安があるから噛む**

- 放鳥中戻されそうになった
- 高い場所から下ろされそうになった
- 飼い主さんの頭や肩から下ろされそうになった

→ **B インコがそこにいたいから噛む**

STEP 1

ボディサインに注目して、噛まれないようにする

噛む以外の方法でもメッセージは伝わるということをインコに教えます。現在噛むのであれば、まずはこれ以上「噛む」機会を作らないようにすることが大切です。インコをよく観察し、噛む前の小さな「イヤ」のサイン――「目をそらす」「体重移動」などが見られたら、手を遠ざけます。こうすることで、インコに「噛む」以外の方法で、「イヤ」の気持ちを伝えることができると理解してもらうのです。

POINT

p.104～p.106にあるインコが発する「イヤ」のサインを見落とさないようにしましょう。

STEP 2

A「人や手に不安がある」場合の対策

まだ人や手になれていない場合や手を怖いものだと思っている場合、こちらから手を近づけると余計に手の印象が怖いものになってしまいます。インコがリラックスしているときに、p.122～p.123の方法で「手は怖くない」ということを教え、まずは手の印象をよいものにしていきましょう。

指をカキカキする形に折り曲げて、「カキカキしてもいい?」と確認します。撫でさせてくれた場合も途中で一旦手を離し、さらに続けてほしいかインコに確認するとよいでしょう。

もともとはカキカキさせてくれていたという場合、インコの噛む前の小さなサインを読み、一旦手を引いて待つなどして、インコの「イヤ」という気持ちを尊重するだけで噛みつきは減り、もとのよい関係に戻れるはずです。左のイラストのように指を出して、インコのボディサインをよく見ることで、撫でられることを望んでいるかそうでないかを確認します。

B「インコがそこにいたい」場合の対策

ずっと高いところに止まったままではコミュニケーションがとれないなど困ることもあります。今いる場所がインコにとってどんな価値があるのかを考えて、別のところの価値を高めることで、インコに自ら動いてもらえるようにしていきましょう。

来てほしい場所で、インコが来なくてもインコが好きなおもちゃなどで飼い主さんがひとりで遊びだしたり、同居のインコがいたらその子と遊んだりすると、いつの間にか興味をもって自分から近くに来てくれていることが多いです。

参考

●高いところに飛んでいく意味
→p.80
●飼い主から離れないのはなぜ?
→p.132
●「オイデ」を教える意味
→p.134
●ケージに戻らないのはなぜ?
→p.136

対策❷

人の関心を引きたくて噛む場合

噛む直前、インコの状況はどうだった？

- 飼い主さんのそばで特に何もしていなかった
- 飼い主さんが本やスマホを見ていた
- ケージの外には特に遊び場所がない
- 飼い主さんが他のインコに注目していた

……>> 噛むことで、飼い主さんの関心がこっちに向いた
何も起こらない退屈な状況が、飼い主さんが騒いで楽しい状況に変わった

STEP 1

インコに集中する時間を作る

ずっと一羽で留守番をしていて仲間である飼い主さんが帰ってきたのに、飼い主さんがずっとスマホを見ていて構ってくれないとなるとインコも不満に思います。放鳥時間が少し短くなってもいいので、その時間はインコと遊んだりコミュニケーションをとったりインコに集中して楽しい時間を共有しましょう。トレーニングは、飼い主さんと密接にかかわれてインコの満足度も高いのでおすすめです。

STEP 2

ひとり遊びができるようにする

ひとり遊びができるインコなら、遊べるものを提供して忙しくさせることで噛みつきも減ります。プレイジムなどの遊び場をケージの外に作ったり、フォレイジングにチャレンジしたりしてみましょう。ひとり遊びができないインコは、ひとり遊びができるようにまずはいっしょに練習していくところから始めましょう（→ p.146）。

参考
- なぜおもちゃで遊ばない？→ p.148
- フォレイジングにチャレンジ→ p.152

対策❸

発情で噛む場合

- 発情条件が満たされている
- 噛む以外に発情行動が見られる
- ケージに手を入れようとすると噛む
- 紙をかじったり、家具のすき間に入ったりする

噛まれないようにする&発情抑制

他の噛みつきと同じく、まずは噛む機会を作らないようにすることが大切です。攻撃的になる場所へインコが入らないよう管理したり、インコが噛みつく前の小さなサインに反応して手を引くなどで対応します。こうした場合も、トレーニングで覚えた行動が役立つことがあります。ターゲットやオイデのトレーニングを普段からしておくと、家具のすき間などにこもったときも自ら出てきてくれるでしょう。飼育下のインコは発情しやすいのですが、過剰な発情はインコの体によくありません。環境で抑えることができるので、対策をするようにしましょう（発情対策→ p.174 ～）。

column

罰で噛みつきは治せる？

インコに噛まれたら、フッと息を吹きかけるという対処法を聞いたことがあるかもしれません。手が怖いと伝えたくて噛んだ子に対して息を吹きかければ、余計に怖がらせてしまいさらに信頼関係を損ねかねません。また、噛まれたら無視するという対処法だと、「このくらいの噛む力だと伝わらないのかな？」とさらに強く噛むようになることが考えられます。噛んだらケージに戻すという方法も、噛みつきが減る可能性は低く、本来好きな場所であってほしいケージに嫌な印象がついてしまうかもしれません。インコのメッセージを無視した対処法は、たとえそれで噛む行動じたいは治まったとしても、別の形の問題となって現れる恐れがあります。

発情対策どうすればいい？

人間と暮らすインコたちで問題になりがちな発情。発情そのものは普通のことですが、頻繁な発情はインコの心身に大きな負担となります。特にメスの場合は、発情と産卵を慢性的にくり返すと命にかかわる病気を引き起こすことがあるのです。オスの場合も、発情で非常に攻撃的になったり、おしりをいろいろなところにこすりつけてケガをしたりすることがあります。発情自体は自然なことですが、インコ自身や飼い主さんを傷つけることがないように、オスメスどちらに対しても発情対策をする必要があります。

鳥は、繁殖の相手がいて、安全な環境や栄養豊富なごはんなど特定の条件が正常に整ったときのみ繁殖行動を行います。野生下であればそうした条件が満たされる時期は1年のうちでも限られています。しかし、飼育下ではそうした条件が1年中満たされているケースが多いため、管理をしなければ慢性的な発情につながってしまうのです。発情対象となる同種のインコがいなくても、飼い主さんやお気に入りのおもちゃなどを相手に発情スイッチが入ります。

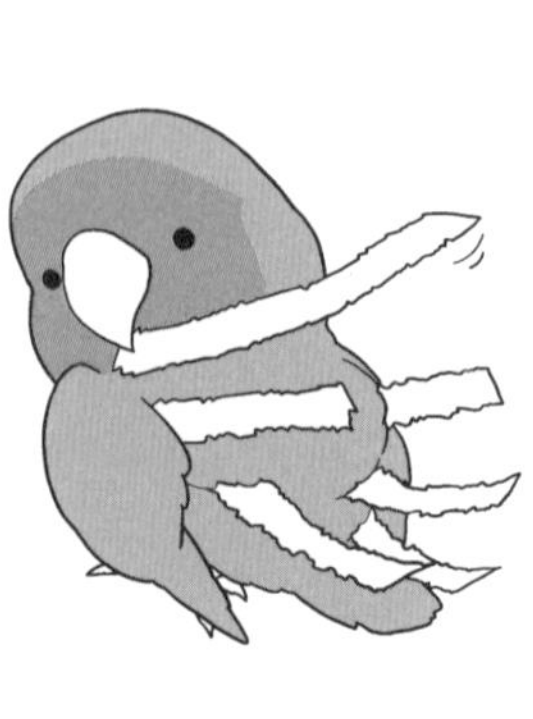

発情のサイン

オス

- 攻撃的な威嚇や
  噛みつきが増える
- 歌やおしゃべりが多くなる
- 求愛ダンスが見られる
- 吐き戻しをする
- おしりをこすりつける

メス

- 攻撃的になる
- うずくまる
- 寄り添ってきて尾羽を上げる
- 巣材を探して運ぶ
- せまいところにもぐる
- 紙を細かくちぎる
- 毛引きするようになる

こうした行動は通常の「遊び」の中でも見られますので、１つだけでなく複数の行動が見られる、頻度が増えてきたなどを目安に発情が進んでいるのかを見極めましょう。こうした行動の変化と合わせて、日々の体重増減もチェックして、食べすぎに気をつけます。

発情の条件

食物が十分にある

飼育下では十分な食事量が提供されているため、食べ物の心配をしなくてすみます。

ヒナを育てるのに適した温度

インコの出身地域により異なりますが、気温の変化があるところに住む鳥は気温が高くなる時期に合わせて繁殖をします。飼育下では１年中繁殖に適した温度の中で生活しているため、出身地域にかかわらず発情しやすくなります。

ストレスがない

外敵の存在、気温変化、食料探しなど野生下ではさまざまなストレスがあります。安全を約束された飼育下の環境では、こうした問題への対処の必要性がないため発情しやすくなります。

発情の相手がいる

同種のインコの存在だけでなく、人がパートナーになることがあります。人と密接な関係にある場合、発情を促す要素になっている可能性があります。

巣づくりに適した場所や材料がある

巣に適したもぐれる場所や巣材になるものの存在が発情を促すことになります。特にメスは巣となる場所を探すことや巣材を集めることが、発情の始まりになるといわれています。

日照時間が長くなる

日照時間が発情に影響を与えるといわれています。インコは一般的に日が長くなると発情スイッチが入ります。

発情対策をしよう

発情を促さないために、p.175 の発情条件に気をつけながら生活を見直します。次のようなお世話のしかたや環境設定で適正管理を目指しましょう。

食べ物

適正体重や食事量は個体差があるので、獣医師と相談しながら管理していきましょう。食事量を制限すると、あっという間に食べ終えてしまうかもしれません。退屈や空腹時間が長くならないように、食事を数回に分けたり、フォレイジングなどで食の楽しみを作るとよいでしょう。

温度

エアコンによる温度管理は必要ですが、健康な成鳥であれば冬でも暖房の温度を上げすぎないようにします。季節の変わり目の急な温度変化は体が慣れていないこともあり、体調を崩すことがあります。人間の体感だけでなく温度計を設置し、様子を見ながら調整していきましょう。

巣、巣材

巣箱はもちろん、巣を連想させるような小箱やバードテント、放鳥時に潜り込めるスペースなども要注意です。インコの様子を観察しながら撤去や一時的な取り外しをします。メスは特に巣材になりそうな布や紙などに気をつけます。何を巣材と認識するかには個体差があります。

環境の変化

インコが対応しきれるくらいの環境の変化を作ることも発情対策のひとつです。たまにケージの置き場所を変えたり、新しいおもちゃを与えたり、お出かけや知らない人と遊んだり。インコの経験値によっては過度なストレスになる場合があるので、対策を施すときはインコが不安になっていないかボディサインにも注意します。

日照時間

明るい場所に1日8～10時間いると、発情が促されるといわれています。これに対し早めに暗くして寝かせるという対策をとることが一般的ですが、ケージカバーをかけても薄明かりが差しこんだり、外で人の話し声などが聞こえていると、外が気になりストレスになります。これでは意味のある対策にはならず、最近では、食事量のコントロールがより重要視されています。

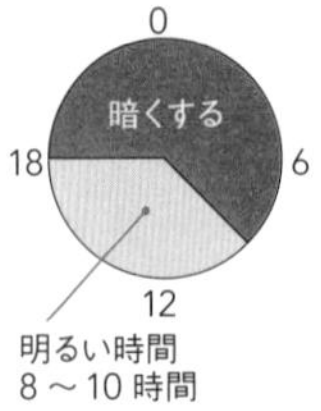

相手

（対　飼い主さん）

発情を促す行動を控える

人間をパートナーとみなしているインコは、飼い主さんとのスキンシップで発情スイッチが入ってしまいます。インコと接するときは、右のような発情につながる行動に気をつけましょう。発情対策として「人とのかかわりをなくしましょう」といわれることがありますが、社会的な動物であるインコには、発情は避けられたとしても、寂しさから別の問題行動に発展する可能性があります。たとえばトレーニングなど飼い主さんの体から離れて楽しめるようなものでスキンシップを減らしつつ、かかわり合いは持ち続けるのがおすすめです。

発情を促す行動

- くちばしを触る
- 背中や脇など、体をベタベタ撫でる
- 過剰に話しかける
- 常にそばにいる
- 爪をハミハミ噛ませる
- 頭の上に長時間止まらせる　など

（対　おもちゃなどの物）

飼い主さんが管理する

鳥用のおもちゃや止まり木などが、発情のきっかけになることがあります。おもちゃなどインコに与える物は、事前に発情につながらないか吟味する必要があります。物に対して発情している場合、巣になるものは別ですが、完全に撤去してしまうとインコのお気に入りを奪ってしまうことになります。お気に入りだけれども発情を促すため好きに遊ばせたままにできない物は、トレーニング時のアイテムや強化子として、また遊びを促すきっかけとして使うのもひとつの手です。

発情対象になりやすいもの

- 鳥の形をしたもの
- 自分と同じ大きさやそれよりも小さいもの
- 鏡やブランコ、止まり木　など

お気に入りのおもちゃを強化子にする

たとえば、お気に入りのおもちゃをターゲットにしてインコにそれにタッチしてもらったり、「オイデ」などのトレーニングで、近くに来てくれたら好きなおもちゃを強化子として与えるなど。トレーニングや遊びに夢中になると、発情対象としての物への執着が減ることがあります。

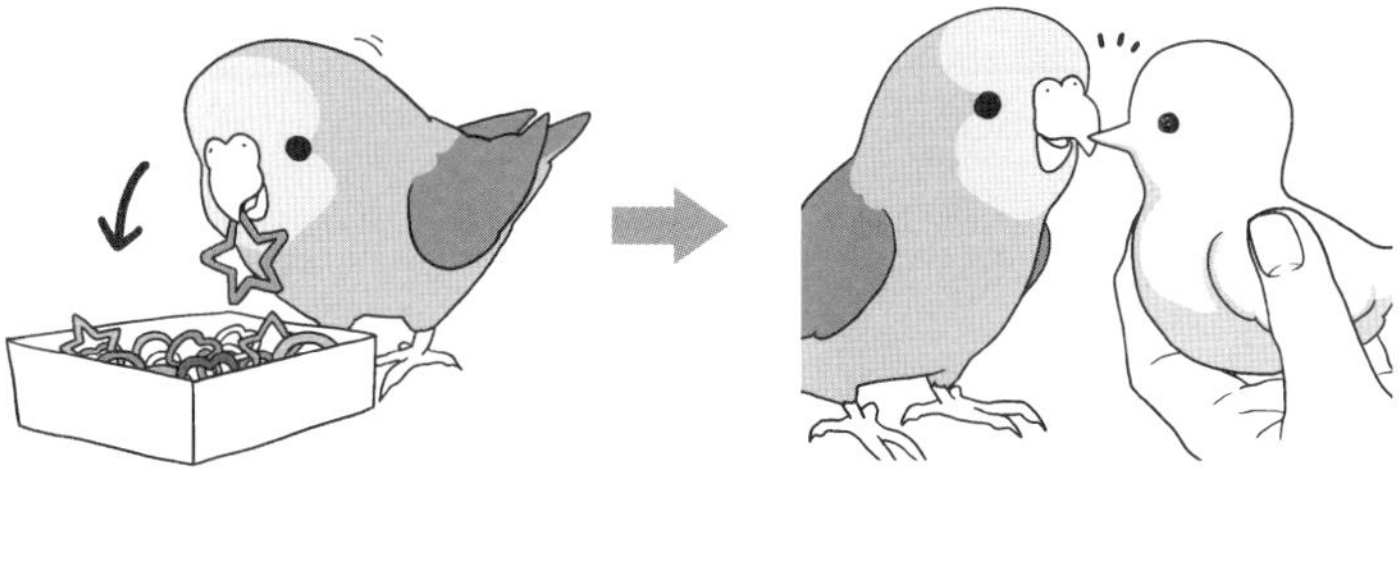

QUESTION

Q

なわばり意識を薄めるには？

インコにとって大切なものは「資源」と考えられます。食べ物や安全な場所、パートナーなど、資源の価値が高いものほど、インコは他者に取られまいと必死に守ります。

　たとえば、野生であれば食べ物が豊富な餌場や特定の種類の木の実があるところなどは、食糧確保のために守りたい場所になるでしょう。家庭では通常は食べ物に困ることはありませんが、特に食への欲が強いインコの場合、食べ物そのものもそうですが、食べ物が入った容器、食べ物がしまってある場所なども守る対象になり得ます。

　繁殖に関しては、野生であれば安全な場所に巣を構えることは繁殖・子育てをするのに重要です。捕食者などの外敵はもちろんですが、鳥類にはつがい外交尾も多く、オスが留守にしている間に別のオスが侵入してきて浮気をするという心配もあるようです。なわばりを守って攻撃的になるのは、安全な場所とパートナー両方を守るためなのです。

　なわばりに関する問題がある場合、インコにとって資源となっているものは何かを知って、左ページのような管理とトレーニングで対処します。

守る必要をなくす

ケージの中

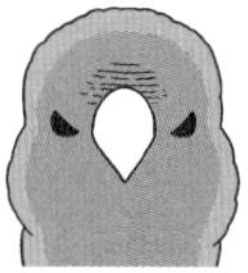
安全なこの場所を
絶対に守らなければ

（守ることでどうなる？）

- ケージに入ってきた手は、侵入者とみなされて攻撃される。
- 必要なお世話や掃除ができない。

（どうしたらいい？）

大丈夫なものを増やしていく

怖いものが多いほど、ケージの中は守らなければならない場所になります。手が怖いインコの場合は、まずは手に慣れるトレーニングから始めましょう（→ p.122）。ケージに無理に手を入れることはやめて、ケージの掃除などはインコが外にいるときに行います。

手はいいものだと教える

手は実はいい物を運んでくるものだと教えます。ケージ越しにおやつをあげることをくり返すと、近づいてくる手に対して印象がよくなります。水交換のときに噛む子の場合は、水入れに軽く手を触れながら、反対側でケージ越しにおやつをあげます。これをくり返していると、おやつが出る側で待つようになり、水の交換などがお互い負担なくできるようになるでしょう。ケージ越しの手を信頼してくれるようになったら、次はケージの中でおやつをあげるなどステップアップしていきます。

パートナー

この人は私のパートナーだから、
だれにもとられたくない！

（守ることでどうなる？）

- 特定の相手（人間）にだけなつき、他の人のお世話を受け入れない。
- 相手の人間が、別のインコや人間とかかわることが許せない。
- 相手の人間の姿を求めて呼び鳴きをする。

（どうしたらいい？）

パートナー以外の人の印象をよくする

パートナー以外の家族を攻撃する場合、まずはくり返さないように管理することが大切です。そして、パートナー以外の家族といっしょにいることが、インコにとってもメリットがあると教えていきます。ケージ越しにおやつをあげることから始め、取ってくれないようならごはん入れに落とすだけでも構いません。受け取ってくれたら、パートナーの人もインコをたくさん褒めてあげてください。

パートナー以外の人とトレーニングする

P.128のターゲットトレーニングをまずはパートナーの人と始めます。上手にできるようになったら、そこに攻撃対象となっていた人がターゲットを持つ役目で参加します。おやつはパートナーの人から与えます。最初はケージ越しがお互いリスクがなくてよいでしょう。インコが攻撃対象だった人とよいかかわりをしていたら、パートナーの人はインコをたくさん褒めてあげます。

QUESTION Q

呼び鳴きはどう対応すればいい？

鳥にとって鳴くことはコミュニケーション手段のひとつで、家族や仲間の間で安全確認のために鳴くことは、野生下であればごく当たり前の行動です。しかしこれが家庭内で大きな声で絶え間なく鳴かれるとなると、住宅事情もあり、問題になります。

呼び鳴き対策として「鳴いていたら無視」といわれてきましたが、それでは解決になりません。呼び鳴きはそれまでの経験から、鳴くことで自分に好ましい状況を作ってこられたという学習によります。これまでは大きな声で鳴いたらなんらかの反応（「しぃぃっ！」とか）がもらえたのに、無視という方法をとると、飼い主さんの反応を見て「あれ？ 今までと同じでは反応してくれない。もう少し大きな声で鳴いてみよう」とより大きな声を試します。飼い主さんが大きな声に耐えられず反応すると、インコは「このくらい大きな声で鳴けば通じるのか」と理解し、その大きさの声が定着し、状況はさらに悪くなります。

インコは理由があって呼んでいるため、まずはなぜ鳴くのか根本の理由を探り解決を目指すことが大切です。同時にインコには、用があるときどう伝えたらよいかを教えます。

呼び鳴き対応❶

「こうしてね」を教える

小さな声で鳴いたら即反応

インコが小さい声で鳴いたら、すぐに返事をしてあげましょう。これをくり返して、大きな声を出さなくても、飼い主さんは反応してくれるということを覚えてもらいます。つまり、大声以外で人を呼ぶ方法を教えるのです。口笛をマネする子ならマネしてくれたときに、おしゃべりをする子ならおしゃべりしてくれたときに、すぐにインコに注目するようにします。ケージの中の鈴やベルなどを鳴らすのが好きな子なら、それを鳴らしてもらってもOKです。

POINT

「してはいけない！」ではなく「こうしてね」をインコにわかりやすく伝えることが大切です。代わりの行動を教えるときは、できるだけ集中して練習します。してほしい行動を見逃さず、しっかり強化していきましょう。

大声を出す前のサインに注目する

大きな声で鳴き出す前に、インコが何をしているか観察してみます。止まり木を左右に忙しく移動していたり、ケージ前面にはりついてこちらを見ていたりしていませんか？　この後に鳴き出すというサインが見つけられたら、それより前に反応しましょう。時間があればいっしょに遊んだり、ひとり遊びをしてもらうためのおもちゃを渡したりします。

大きな声＝反応

小さな声
でも反応してくれる
● 少ない労力ですむ

さらに大きな声
じゃないと反応してくれない
● 多大な労力

呼び鳴き対応❷

原因と対策を考える

呼び鳴きすべてが「分離不安」とは限らない

いわゆるベタ馴れで、特定のだれかがいないと激しく鳴く場合は「分離不安」かもしれません。P.151のような方法を参考に、少しずつ離れていても大丈夫にしていきましょう。

飼い主さんを呼ぶ理由は、「寂しい」「そばにいて」以外にもいろいろあります。どういう状況で鳴いてどうなったら鳴き止むのか、観察して呼び鳴きの原因を突き止めましょう。

原因 1

退屈

何もすることがなくて退屈なときに大きな声で鳴くと、飼い主さんが慌ててとんできたり、「うるさい」と怒られたり、何らかの反応を得られることで鳴くことを学習します。退屈な時間を減らすために、フォレイジングやおもちゃなど、インコが夢中になれるものを提供しましょう。

POINT

「消去バースト」が起きる理由

呼び鳴きに無視という対策をとると、「消去バースト」というさらに呼び鳴きがひどくなる現象が起きます。無視（反応しない）をすると、それまで通じていた方法が通じなくなったためインコは混乱し、より大声で鳴くようになります。呼び鳴きには無視ではなく、代わりの行動を教えるようにコミュニケーションをとることが大切です。

原因 2

ケージから出たい

ケージの外にいれば飼い主さんが遊んでくれるしおやつももらえる。だから外にいたくて、人の気配がすると「出して！」といって鳴く。この場合、出して遊んであげられるなら、呼び鳴きがひどくならないうちにすぐに出します。もし出せないのであれば、構えなくなる前にインコがケージ内で遊べるフォレイジングトイなどを渡しておきます。また、ケージ内の魅力をアップする工夫をしましょう（→ p.136）。

原因 3

不安

部屋に人がいないと不安になって「だれか来て」と呼びたくなってしまうケース。P.139 のコンタクトコールを教えておくと、離れていても鳴き声のやりとりで安心させてあげることができます。ひとりでいられる練習もするとよいでしょう（→ p.151）。

防音対策だけでは解決にならない

防音室やアクリルケースでの呼び鳴き対策は、飼い主さんが本当に困っているときや、大声での呼び鳴きに反応して無意識のうちに強化しないためには有効です。しかし、それだけではインコの「ひとりにしないで」や「退屈だよ」といった気持ちには応えられていません。必ず、インコの気持ちに応じた対策も並行して行ってください。

原因 4

助けを求めているとき

窓の外にカラスや猫などの天敵の姿が見えたとか、ケージの近くに見慣れない物があって怖いとか、インコにとっての異常事態を知らせるために鳴くことも。いち早く駆けつけ、助けを求めていた対象となっているものを見つけましょう。対象物を撤去したり、必要に応じてそれに慣らすトレーニングを行うとよいでしょう。

column

反応できない合図を作る

仕事に行くときやゴミ出しに行くときは「行ってくるね」と声をかけると呼び鳴きしないというケースはよくあります。今は鳴いても飼い主さんからの反応はないとインコが学習しているのです。在宅で仕事をしているときなども、こうした「構ってあげられない」合図を作っておくとよいでしょう。オンとオフをわかりやすく伝えるための練習が必要です。構えなくなる前に十分いっしょに遊んだり、ひとりになって退屈しないように大好きなおもちゃやフォレイジングトイを渡したりしましょう。（ただし、分離不安のインコの場合、おもちゃやおやつが飼い主さんがいなくなる合図になってしまうことがあります。）

QUESTION Q

運動をしてほしい

動物病院で肥満の予防のため、また発情抑制やストレス発散のため「運動させましょう」とよくいわれると思います。しかし、放鳥するだけで喜んで飛び回ってくれるインコであれば悩む必要はありませんが、中にはなかなか運動してくれない子もいます。

そもそも家庭のインコたちは欲しいものが飛ばずに行ける範囲内にあることが多く、危険から逃れなければならない機会もほとんどないため、飛ぶ習慣がない子も多いです。優しい飼い主さんの手をタクシーがわりにして移動する子もいるのではないでしょうか。

運動というと、手にインコが乗っているときに手を動かしバランスを崩したインコが少し飛ぶ……という方法を実践している方が多いようです。しかし安心して乗っている手がいきなり動いたら、どんな気持ちになるでしょう。そんな手は信頼できますか？

無理矢理飛ばすことはインコとの信頼関係を壊すことになります。インコにすすんで運動してもらうためには、ターゲットやオイデのトレーニングを活用することがおすすめです。また、あまり飛ばない子は飛ばずに歩いて移動するという形でも運動ができます。

運動のためのアイデア

ターゲットを使った運動

ターゲットスティックをあちこちに移動させ、それを追うことで運動になります。その際ごほうびをあげて強化することを忘れずに。

指定した場所へのオイデ

いろいろなところに出した手や止まり木などにオイデで来ることが運動になります。最初は短い距離から徐々に長い距離へと練習していきましょう。

ふたりの間でオイデ

オイデの手の形を見せて来てくれるなら、他の人に協力してもらい、２人の間をいったり来たりという運動もできます。他の人にならす社会化にもなります。

飼い主さんの体で運動させる

飼い主さんの体にべったりというインコなら、飼い主さんの体を使った運動ができます。カキカキが好きな子なら、カキカキの指を見せて手から肩のほうまで誘導するなどします。

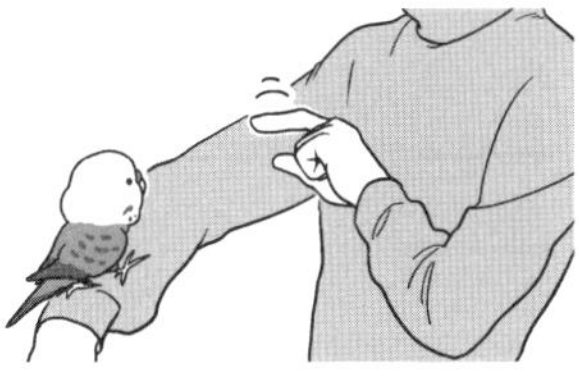

そのほか　プレイジムや部屋にロープを張ったりブランコをぶら下げたりして、体を動かせるような環境を作ってあげるのもよいでしょう。

QUESTION

毛引きを治したい

毛引きとストレスの関係が広く知られていますが、ひと言でストレスといってもさまざまな要因が考えられるため、見極めた上での適切な対応が必要です。「毛引きは個性」といって受け入れることをすすめられることがありますが、何もせずに放っておくと毛引きが日常的になってしまい、その分治すのが難しくなります。毛引きに気がついたら、習慣になる前に考えられる対策をしましょう。

まずは感染症など病気が原因ではないか病院で調べてもらい、病気でないことがわかったら原因を推測し環境を変えることで対策していきます。エリザベスカラーで羽を抜く行動を止めることはできても、原因に対処しなければ、今度は足をかじるなど他の行動に転じるだけかもしれません。必ずエリザベスカラーと並行して原因の解決は目指しましょう。

治るまでに時間がかかっても、原因を取り除くことできれいに治ったインコも多くいます。諦めず、左のページにある原因を参考にインコの生活を見直して思い当たるものは試してみましょう。複数原因が重なっている場合も多いので、なるべくなら行動の専門家などにアドバイスを求めるのがおすすめです。

考えられる毛引きの原因

栄養の偏り

栄養が不足していたり、炭水化物や脂質が多い食事をしたりしていることが原因となる可能性があります。きちんとバランスよく栄養がとれているか、獣医師に相談しましょう。

発情ホルモン

過度な発情ホルモンの分泌が毛引きの原因となることがあります。頻繁に発情をしているインコに対しては、接し方や環境などを見直して発情を抑えるようにしましょう（→ p.176 〜）。

水浴び不足

鳥種的に頻繁な水浴びの習慣があるインコや、羽に汚れがついているなどで水浴びがしたいのに満足にできないことが原因の場合、水浴びの機会を増やしてあげると改善することも。

運動不足

体が自由に動かせないストレスが原因となることも。放鳥時間などで自分が行きたいところに自由に行ける環境を用意してあげましょう。

フォレイジングの欠如

採食行動で味わうちょっとしたワクワクやドキドキが不足しているケース。「見つけた」「できた」という達成感は生きがいにつながり、こうしたよいストレスは発情抑制にもなります。

新鮮な空気、太陽の光不足

基本的な生活環境の問題が原因となることも。空気を入れ替えたり、日光浴の機会を増やしたりしてみましょう。

ストレスや不安

怖いものがあったり不安を感じていたりして、その気持ちを紛らわすために毛引きをすることも。新しいおもちゃが原因の場合もあります。怖いものは一旦取り除き、徐々に慣らしていくようにしましょう。

退屈

他にすることがない苦痛から毛引きを始めることがあります。毛引きをすると飼い主さんが「やめなさい」と声をかけてくれたり、注目してくれたりするということが強化子になる場合もあります。退屈時間を減らすためのフォレイジングなどを試してみましょう。

休息の質

休める場所がない、十分な睡眠時間がとれないなど。鳥が寝ている時間に遅く帰ってくる家族がいることが原因となるケースもあります。ゆっくり休める環境作りを。

学習と選択をする機会の不足

自分で考えて自由に行動を選択できる機会がないこと。「やめて」といっても飼い主さんに通じない、行きたくないのに無理に連れていかれるなど、自分で制御できないことがストレスになります。このストレスを解消するのにトレーニングは有効です。

QUESTION

Q

シニアインコのお世話

まず鳥をしっかり診られる病院を選んで健康状態を診てもらい「できること」「してはいけないこと」を聞きましょう。視力の低下など現状を確認し、お世話のアドバイスをもらい、それに合わせて生活環境を見直します。また、今後どういった変化が出る可能性があるかも聞いておき、必要な準備を始めましょう。介護や通院は必要になってくるので、プラケースや、投薬のためのスプーンに慣らすなどはしておくとよいでしょう。

シニアになっても生活に張り合いを持たせるために、インコが楽しめる刺激を与えることは必要です。若いときと同じにできなくても、体に負担が少ない易しい形で提供を続けましょう。今まで慣れてきた声や音、遊びやトレーニングなどがあれば、それを使って積極的にコミュニケーションをとっていくと安心や自信につなげていくことができます。

もし、若いときにトレーニングなど特にしてこなかったとしても、新しい遊び作りやトレーニングは何歳からでも始めることができます。シニアインコが充実した生活を送るために何ができるか、行動の専門家に相談してみるのがおすすめです。

シニアインコにしてあげたいこと

慣れているもので安心作り

目が見えなくなったり足に痛みがあったりして、今まで通りに動けなくなるとインコも不安になります。トレーニングや遊びで覚えた行動などを使って、代わりにできることを増やすことで不安を軽減し安心と自信を作れます。

目が見えなくなっても、「クリッカー＝おやつ」を知っている子は、クリック音やトレーニングの機会を楽しみにしてくれます。

残っている感覚を活かしたエンリッチメント

視覚が失われたら、聴覚を使ってコンタクトコールで遊ぶなど、残っている感覚器で何ができるかを考えてあげます。足が弱って運動を控えるようにいわれた場合でも、顔を右や左に向けたり、紐を引っぱったりなど動かずにできるトレーニングがあります。

病院で放鳥を控えるようにいわれても、プラケースの中でフォレイジングをしたり体に負担をかけない形でのトレーニングでいっしょに遊ぶことは可能です。

これからに備える

通院や介護に備えて必要なものに慣らしたり、トレーニングをしておいたりしましょう。右ページで挙げたほかに、低い止まり木に慣らしたり、いろいろな食器からごはんを食べられるようにしておいたりするといいでしょう。

食事の幅を広げて好物を増やしておいてあげるのもおすすめです。食欲がなくなったときに「これだったら食べてくれる」というものがあると、インコも飼い主さんも安心。

column

クリッピングは必要？

遠くまで飛べる能力を抑えるために風切羽を短く切る「クリッピング」という方法があります。クリッピングには賛否がありますが、以下のようなメリットとデメリットが考えられます。

メリットは逃がしてしまう事故を起きにくくすること（完全に飛べなくなるわけではないので、窓から飛び出して落ちるという事故や、意外に飛べたため遠くへ行って見つからなかったというケースも）、高いところに飛んでいかないようにするなど、インコの行動を制限できることがあげられます。お迎えしたときにはショップですでにクリッピングをされている場合もあります。

デメリットは、逃げる自由をインコから奪うこと。怖いものなどから距離をとるという行動を選択することができなくなるため、接し方を考えないと恐怖や不安、ストレスを与えてしまうことになります。

攻撃的だから、逃げ回るからと安易にクリッピングを選択すると、インコがなぜ攻撃的なのか、なぜ逃げ回るのかといったことを考えずに終わってしまうかもしれません。クリッピングをしても、羽はしばらくすれば生えてきます。しかし、一時的であってもインコにハンデを負わせてしまうのであれば、それを上回るメリットが飼い主さんだけではなくインコにとってあるかどうか考えてから判断する必要があるでしょう。

翼があっても、飼い主さんのまわりにいると楽しいことがたくさんあってここにいたいと思えば飛んでいくことは少ないです。

[参考文献]

『インコ & オウムのお悩み解決帖』
柴田祐未子著／大泉書店

『これからの鳥類学』
山岸哲、樋口広芳共編／裳華房

『コンパニオンバード完全ガイド THE COMPLETE PET BIRD OWNER'S HANDBOOK』
Gray A. Gallerstein 著・越久田活子監訳／インターズー

『コンパニオンバードの病気百科』
小嶋篤史著／誠文堂新光社

『幸せなインコの育て方』
磯崎哲也著／大泉書店

『鳥！ 驚異の知能　道具をつくり、心を読み、確率を理解する』
ジェニファー・アッカーマン著・鍛原多惠子訳／講談社

『鳥のお医者さんのためになるつぶやき集』
海老沢和荘著／グラフィック社

『鳥のおもしろ行動学』
柴田敏隆著／ナツメ社

『鳥を識る　なぜ鳥と人間は似ているのか』
細川博昭著／春秋社

『BIRDSTORY のインコの飼い方図鑑』
BIRDSTORY 著・寄崎まりを監修／朝日新聞出版社

［監修］

●1～3章
森下小鳥病院　院長
寄崎まりを

2006年に日本大学生物資源科学獣医学科卒業後、犬猫の動物病院、小鳥の病院勤務を経て渡米。鳥専門病院やエキゾチックアニマル病院を視察したのち、2014年に鳥専門病院の「森下小鳥病院」を開院する。現在の愛鳥は、コザクラインコ、オカメインコ、セキセイインコ、カナリアなど。『インコの飼い方図鑑』（朝日新聞出版）など監修書多数。

●イラスト
かんみ（KanmiQ）

主にインコを描くイラストレーター。ブログ「マルといっしょ」で、オカメインコのマルちゃんとヨウムの福ちゃんとの日常をマンガで綴る。著書に『マルといつもいっしょ～オカメインコとの平穏な日常～』（洋泉社）、『インコドリル』（新星出版社）などがある。
マルといっしょ　http://kanmiq.blog.jp/

●4～5章
ALETTA代表
石綿美香

ALETTA代表、IAABC Certified Parrot Behavior Consultant（国際動物行動コンサルタント協会公認インコ・オウム行動コンサルタント）、CPDT-KA、愛玩動物飼育管理士1級。

上智大学外国語学部英語学科卒業後、英国の金融専門出版社勤務。在英中、一緒に暮らし始めた犬との生活をきっかけに動物の行動や心理に興味を持つ。Animal Care College にて Canine Psychology、Dog Training Class Instruction を学ぶ。2003年より、犬の行動やトレーニングに関するセミナーやクラスを開催。2010年より鳥の行動やトレーニングに関するセミナーやクラスを開催。2016年にALETTA設立。鳥や爬虫類を中心とした行動コンサルティングやセミナー、トレーニングクラスなどを開催。またそれらに関わる通訳、翻訳を行う。

ALETTA HP https://alettamika.wixsite.com/training

本書の内容に関するお問い合わせは、**書名、発行年月日、該当ページを明記**の上、書面、FAX、お問い合わせフォームにて、当社編集部宛にお送りください。**電話によるお問い合わせはお受けしておりません。**
また、本書の範囲を超えるご質問等にもお答えできませんので、あらかじめご了承ください。
FAX：03-3831-0902
お問い合わせフォーム：https://www.shin-sei.co.jp/np/contact-form3.html

落丁・乱丁のあった場合は、送料当社負担でお取替えいたします。当社営業部宛にお送りください。

インコのための最高のお世話

2023年 7月15日　初版発行
2023年 9月 5日　第2刷発行

監修者　石綿美香／寄崎まりを
発行者　富永靖弘
印刷所　株式会社新藤慶昌堂

発行所　東京都台東区台東2丁目24　株式会社 新星出版社
〒110-0016　☎03(3831)0743

ISBN978-4-405-10531-7